星级甜品大师班

LE GRAND MANUEL DU PÂTISSIER

星级甜品大师班

LE GRAND MANUEL DU PÂTISSIER

[法]梅勒妮·迪皮伊　[法]安妮·卡卓　著　　王倩　译

皮埃尔·雅韦勒　摄影

亚尼斯·瓦卢西克斯　插图

北京出版集团公司

北京美术摄影出版社

目录

注：由于篇幅有限，本书准备过程中用到的原料及一些简单的制作步骤，并未逐一配备插图。

如何使用本书？

基础部分

本书的基础部分，分为面团、奶油、糖霜、装饰和调味酱五大类，囊括了所有甜品的基础制作过程。每一个基础食谱都是一份信息图外加准备过程的特殊说明。

甜点

制作上述基础食材，使之成为一道道真正的甜点。每一个甜点食谱包括基础食谱附注、一份信息图解释甜点的组成要素，还有制作过程的图片，让读者一步一步地学习准备及制作过程。

甜点专业术语

食材使用和特殊技巧的解释说明，让读者在自主学习的过程中，加深对甜点制作的认识。

基础部分

甜酥挞皮

要点解析

初识甜酥挞皮

垫底用的干、薄挞皮，微甜。挞式甜点的基础组成部分。

用时

准备原料：15分钟。
冷藏：至少两小时。

经典用法

挞底（苹果挞），奶油鸡蛋布丁。
可装点其他食材一起烘焙或单独烘焙面皮。单独烘焙面皮时，注意要在面皮上扎上小孔或按压。（284页）

变式

香草甜酥挞皮：
加入10克香草味香料。
柑橘甜酥挞皮：
加入一个柑橘类水果果实的切块。

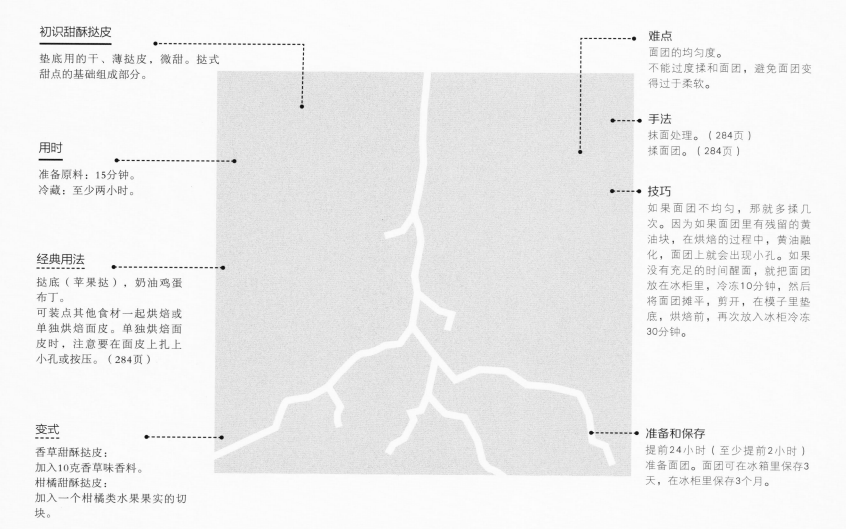

难点

面团的均匀度。
不能过度揉和面团，避免面团变得过于柔软。

手法

抹面处理。（284页）
揉面团。（284页）

技巧

如果面团不均匀，那就多揉几次。因为如果面团里有残留的黄油块，在烘焙的过程中，黄油融化，面团上就会出现小孔。如果没有充足的时间醒面，就把面团放在冰柜里，冷冻10分钟，然后将面团摊平，剪开，在模子里垫底，烘焙前，再次放入冰柜冷冻30分钟。

准备和保存

提前24小时（至少提前2小时）准备面团。面团可在冰箱里保存3天，在冰柜里保存3个月。

为什么面团既有黏糯感，又松脆？

甜酥面团不含全蛋。但是通过揉面，可以使面粉粒子的外表裹上一层油脂：这样在烘焙的过程中，就不会出现粘连现象。烘焙后，表面也不会产生一层硬壳。在烘焙的过程中，面粉中的淀粉粒子膨胀，黄油融化，把面粉中所有粒子连接在一起。所以，黄油起着连接的作用。正是由于黄油的这一层作用，才成就了甜酥面团本身松脆的质地。

一张24厘米的面皮或8张8厘米的挞皮

面粉	200克
黄油	100克
盐	1克
糖	25克
水	50克
蛋黄	15克

1. 将冷黄油块放入面粉中。
2. 用指尖做抹面处理。（284页）
3. 加入水、盐、糖和蛋黄。用指尖搅拌。用掌心揉两次面团。（284页）检查面团的均匀度，保证没有残留的黄油块。
4. 将面团擀平，用食用保鲜膜包裹后，放在冰箱里醒至少两个小时，最好是醒到第二天。

沙布雷挞皮

要点解析

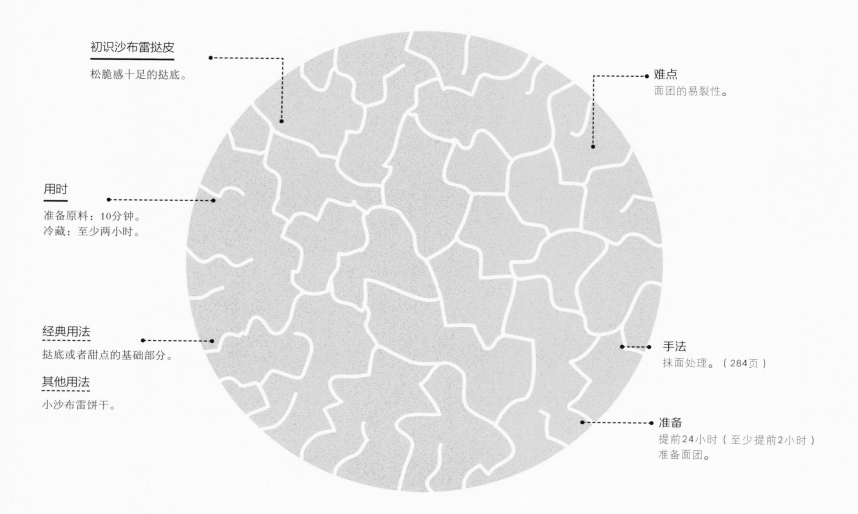

初识沙布雷挞皮
松脆感十足的挞底。

难点
面团的易裂性。

用时
准备原料：10分钟。
冷藏：至少两小时。

经典用法
挞底或者甜点的基础部分。

其他用法
小沙布雷饼干。

手法
抹面处理。（284页）

准备
提前24小时（至少提前2小时）
准备面团。

为什么面团既酥松又带有颗粒感？

抹面处理给原材料创造了更多的粘连方式，沙布雷挞皮的酥松感正源于此。也是因为这一步，我们并没有把面团做成一个面筋网，也没有增加面团的弹性。另外，糖在脂肪中并不会融化，也就是说，一部分糖仍保持晶体的状态。这些没有融化的糖，带给了面团无与伦比的颗粒感。

一张24厘米的面皮或8张8厘米的挞皮

面粉	200克
黄油	70克
盐	1克
糖粉	70克
鸡蛋（1个）	50克

1. 面粉里加入盐和冷黄油块。通过双手不断揉搓混合物，对其进行抹面处理，但注意，不要把黄油块碾碎。

2. 加入糖粉和鸡蛋，用抹刀搅拌，以保证面团的质地均匀。

3. 将面团擀平，用食用保鲜膜包裹好后，放在冰箱里醒至少两个小时，最好是醒到第二天。

学做沙布雷挞皮

甜挞皮

要点解析

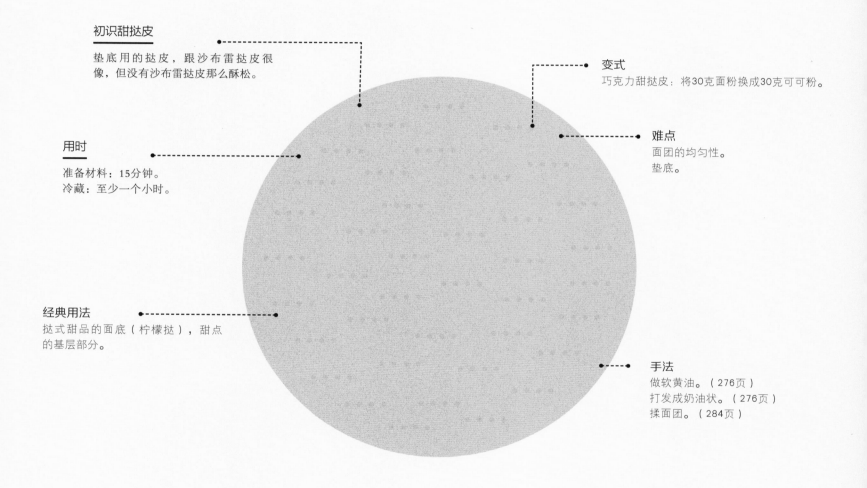

初识甜挞皮

垫底用的挞皮，跟沙布雷挞皮很
像，但没有沙布雷挞皮那么酥松。

变式

巧克力甜挞皮：将30克面粉换成30克可可粉。

用时

准备材料：15分钟。
冷藏：至少一个小时。

难点

面团的均匀性。
垫底。

经典用法

挞式甜品的面底（柠檬挞），甜点
的基层部分。

手法

做软黄油。（276页）
打发成奶油状。（276页）
揉面团。（284页）

如何描述甜挞皮的质地？

在加入面粉和杏仁粉之前，先将黄油和糖、鸡
蛋混合在一起，这样的做法，让甜挞皮跟甜酥
挞皮和沙布雷挞皮比起来，口感上不那么酥
松。实际上，在烘焙的过程中，鸡蛋慢慢凝
固，然后将挞皮中所有的成分凝结在一起。

技巧

如果面团不均匀，那就多揉几次。因为如果面
团里有残留的黄油块，在烘焙的过程中，黄油
融化，面团上就会留下小孔。

准备

提前24小时（至少提前1小时）准备面团。

学做甜挞皮

一张24—30厘米的面皮或8张8厘米的挞皮

面粉	250克
杏仁粉	25克
黄油	140克
糖粉	100克
鸡蛋（1个）	50克
盐	1克

1. 用抹刀将软黄油和糖粉混合物打发成奶油状。
2. 加入鸡蛋和盐。
3. 加入面粉和杏仁粉，用抹刀搅拌。
4. 揉面团（284页）1—2次，将面团擀平，并用食用保鲜膜包裹，放在冰箱里醒至少一个小时，最好是醒到第二天。

千层面皮

要点解析

初识千层面皮

这种细腻、松脆的面皮，富有油脂的香气。在面团的"夹心层"中，夹裹黄油，然后反复折叠，通过这种方式，在烘焙完成后，形成千层的效果。

用时

准备：1小时10分钟（夹心面团10分钟—对折20分钟—对折20分钟—对折20分钟）。
烘焙时间：20~40分钟。
冷藏：2~3天。

难点

小心折叠：以免黄油外漏，并注意各处折叠次数相同。

技巧

简单折叠。

特殊工具

甜点专用擀面杖。

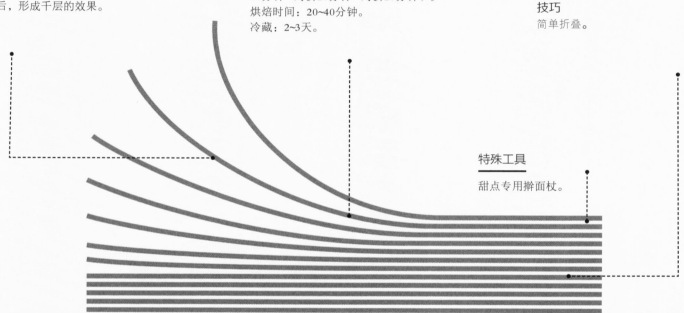

如何产生千层的效果？

千层面皮的制作原则就是在面皮里裹上黄油夹心层，在烘焙的过程中，面皮里蒸发的水分，被锁在黄油层中，并使面皮膨胀起来。

为什么千层面皮需要松醒？

当我们把面和水混合在一起时，水让面粉中的淀粉粒子膨胀。黄油趁机进入膨胀的淀粉粒子中间。而面粉中的蛋白质则会形成一个面筋网。当我们揉面的时候，面筋网被拉伸，变得松弛，当面团在松醒的时候，面筋网重新收缩，让面团质地更柔软。

经典用法

挞式甜品的挞底，卷边果酱馅饼，国王可丽饼，千层酥，巴旦杏蛋糕。可以烤熟后进行装点，或者直接做成千层酥。

其他用法

棕叶形油酥饼。

变式

反式千层面皮：在常温环境（18℃）中，我们还可以把面皮翻折，做反式千层面皮。和上面步骤相反，我们把"夹心层"裹到黄油里。这样，黄油层数就多于面皮层数，从而使面皮更酥脆。
千层发面团：用制作千层面皮的方式，把黄油加在发面团中。

技巧

不要过度揉面团。将面粉和匀即可停止。面团弹性太大，擀平时，会产生收缩现象。切面团时，需要干净利索，不要把面团团成球状。
最多折6次，如果再多折，面皮层和黄油层将会混在一起。那样做成的就是水沙布雷挞皮，而不是千层面皮。可用指尖标记面皮折叠的次数。

步骤与储存

夹心层—加入黄油—两折—两折—两折
分份—包上保鲜膜—冷藏3个月。

准备

1千克面皮

夹心层

面粉·····································500克
水·······································230克
白醋·····································20克
盐·······································10克
融化的黄油·····························60克

千层面皮

300克黄油。

学做千层面皮

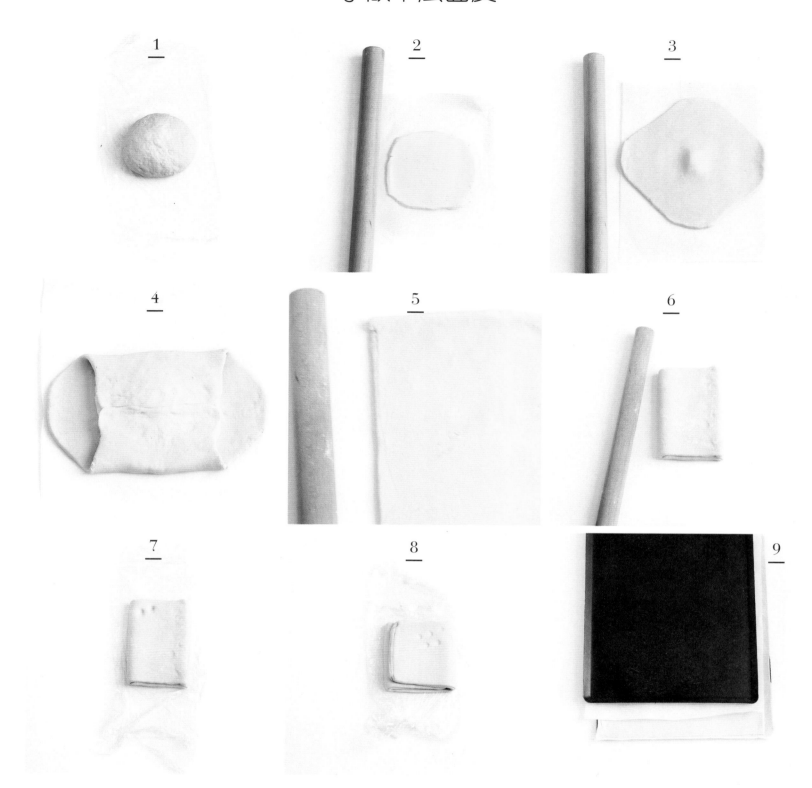

1. 在工作台上，用面粉做一个"面粉井"，把"夹心层"的原料放在中间。一点一点将面粉和"夹心层"的原料混合在一起，揉成均匀的面团。包上保鲜膜，放在冰箱松醒两个小时，这样可以让面团变得更加柔软。
2. 将黄油裹上两层烘焙纸，用擀面杖擀成边长约15厘米、厚1厘米的黄油饼。将黄油饼放在凉爽处保存。
3. 两小时后，将夹心层和黄油饼放置于常温环境中，静置30分钟。在工作台上均匀地撒上面粉，用擀面杖将夹心层擀成边长约35厘米的四边形。注意，面皮中间厚于四周，形成一个"小山丘"。为了保证黄油不从底下漏出来。

4. 把黄油饼放在夹心层面皮上，形成45°夹角。把夹心层面皮的4个角朝中间折，将黄油饼包裹起来。折好后，需保证各处厚度一致。
5. 第一折。将夹心层擀成长方形。注意，擀面皮的过程中，一定保持擀面皮的方向与身体垂直。
6. 把面皮折成"钱包状"的3层：将面皮下面的1/3朝上折，再将面皮上面的1/3朝下折。逆时针旋转1/4圈。这就是第一折的做法。
7. 如果黄油没有从夹心层中漏出来，就可以进行第二折。如果黄油漏出来，将夹心层放在凉爽环境中，松醒两个小时。擀平，保持擀皮的方向与身体垂直。重新将面皮折成"钱包状"，然后逆时针旋转1/4圈。第二折后，放在冰箱里冷藏松醒至第二天。

8. 再折两次，然后松醒三四个小时。使用之前，最多再折一到两次。
9. 将烤箱预热至180℃，烤盘上铺上一层烘焙纸。将面皮擀到2毫米厚。平放在烤盘上。然后在面皮上盖上一层烘焙纸，压上一个烤盘。这样，在烘焙的过程中，千层面皮就能均匀地膨胀。开始烘烤。15分钟后，每隔15分钟，检查一次。千层面皮中间和四周都呈金黄色时，烘烤结束。然后将千层面皮放置在烘烤架上，冷却。

千层面皮

布里欧修面团

要点解析

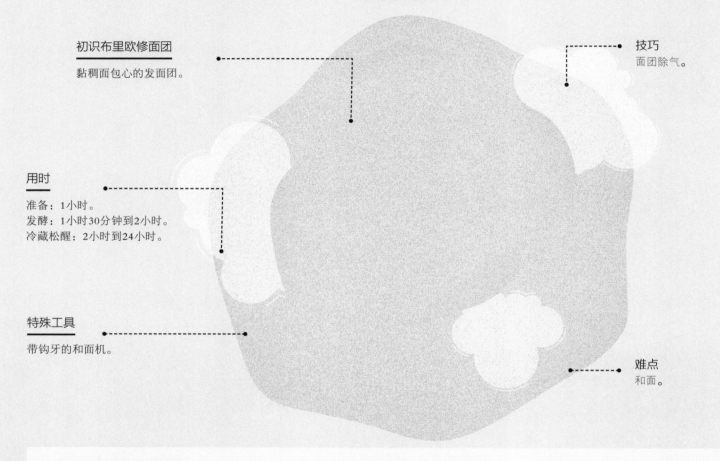

初识布里欧修面团
黏稠面包心的发面团。

技巧
面团除气。

用时
准备：1小时。
发酵：1小时30分钟到2小时。
冷藏松醒：2小时到24小时。

特殊工具
带钩牙的和面机。

难点
和面。

是什么让面包心变得有弹性？

面团揉的时间过长，面粉中的面筋充分延展。要知道，奶油鸡蛋面团并不需要这样的高弹性。

为什么要给面团除气？

第一次发酵后，酵母充分吸收周围的糖分和水分。通过给面团除气，我们改变了酵母周围的环境，重新排列酵母周围的组合。之后，酵母可以接受新的营养物质，发生变化，重新发酵。

为什么第一次发酵要在凉爽环境中进行？

凉爽的环境让发酵的速度变慢，这样可以避免过分发酵过度发酵，会阻止面筋结构同时一步就位。

如果面团过分发酵，会发生什么事？

当奶油鸡蛋面团放入烤箱烘焙时，热度会让面团中的二氧化碳气泡膨胀，在揉面的过程中，让面团中的气体膨胀，让水以水蒸气的形式蒸发。这3种现象，会增加面团中蜂窝状气泡的数量。如果面团过度发酵，那么面团中的面筋网就可能无法继续承受延伸作用，面团包裹的气体会被挤出面团，导致奶油鸡蛋面团塌陷。

经典用法

加上不同的香料，做出各种形状的奶油蛋糕。

其他用法

中式甜点，圣热尼斯蛋糕，潘妮朵尼蛋糕，圣特罗佩挞，奶油圆蛋糕。

变式

香草布里欧修：在面团中，加入15克液体香草。
柑橘布里欧修：在面团中，加入一个橙子榨出的果汁。

技巧

如果面团质地太黏，可以加些面粉，或将面团放入冰箱冷藏。如果在加入黄油的过程中黄油融化了，或者在和面的过程中，面团温度升高，都可以将面团冷藏两个小时，然后再拿出来，加入剩下的黄油。

学做布里欧修面团

900克布里欧修面团

新鲜酵母·······················20克
面粉·······························400克
盐·································10克
糖·································40克
鸡蛋（约5个）·················250克
黄油·····························200克

1. 提前1小时，将所有原料放在冰箱冷藏。在和面机中，依次加入新鲜碎酵母、面粉、盐、糖和鸡蛋。开动带钩牙和面机，将其调至1/4挡。将面团和至不再继续沾粘和面机壁为止。这时的面团开始变得有弹性，但是不能加热。

2. 将黄油块一点点加入和面机，直至完全与面团融合。

3. 关上和面机，取出布里欧修面团，将其放入有面粉的容器中。在面团上撒一层面粉，防止表层结痂变硬。用棉布或保鲜膜包裹面团，但注意不要与面团发生接触。在冰箱中冷藏1.5小时到2小时。

粑粑面团

要点解析

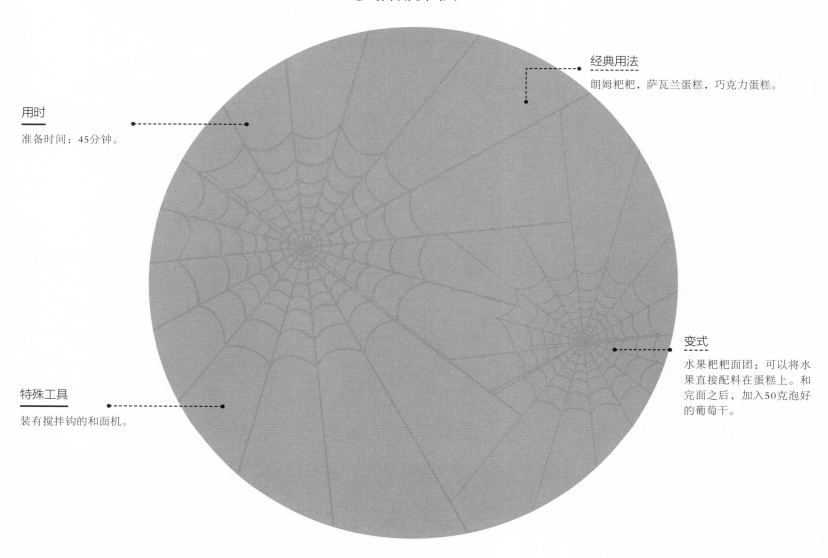

经典用法
朗姆粑粑，萨瓦兰蛋糕，巧克力蛋糕。

用时
准备时间：45分钟。

变式
水果粑粑面团：可以将水果直接配料在蛋糕上。和完面之后，加入50克泡好的葡萄干。

特殊工具
装有搅拌钩的和面机。

如何将面团拉成"蜘蛛网"状？

面粉是由淀粉粒子和蛋白质粒子构成的，当我们将面粉和其他原材料和在一起时，如本菜谱中的牛奶，蛋白质粒子会形成一张有弹性的蛋白质网，正是由于这层网，我们才可以将面团拉成"蜘蛛网"状。

为什么需要将所有的原材料放入冰箱冷藏？

只有将原材料揉足够长的时间，面团才会变得有弹性，而且面团不宜过度加热，否则会损坏酵母和面团的质地。将原材料先进行冷藏，可以防止面团过度加热。

难点
和面。（30—45分钟）

技巧
做面团之前，提前1小时将原材料放在冰箱冷藏；防止面团加热过快。

学做粑粑面团

10个50克的朗姆粑粑或者1个大的粑粑面团

面包专用新鲜酵母·············15克
面粉·····················250克
鸡蛋·····················100克
盐······················50克
糖······················15克
牛奶·····················130克
黄油·····················75克

1. 提前1小时将原材料放入冰箱冷藏。在和面机容器里依次放入新鲜酵母屑、面粉、盐、糖、牛奶和鸡蛋。

2. 启动带搅拌钩的和面机，用1/4挡即可。搅拌至面团不再挂壁即可。（30—45分钟）这时，面团变得细腻，有弹性，如蜘蛛网一般，不会被扯坏。在这个过程中，面团不会变热。

3. 一点点加入黄油块，使之渐渐与面团融合。关上和面机。立即使用。

羊角面包面团

要点解析

初识羊角面包面团
用做千层面皮同样的方式，加入黄油的发面团。

特殊工具
甜点专用擀面杖。

用时
准备时间：2小时。
冷藏时间：24小时。

羊角面包面团的特点
羊角面包面团是两种技巧混合的成果：发面团和千层面皮。发面团带来轻盈的口感，而千层面皮带来酥脆的口感。

经典用法
羊角面包，巧克力面包，葡萄面包。

难点
均匀折叠。

手法
除气。（284页）
简单折叠。（18页）

技巧
可以用带搅拌钩的搅拌机，制作夹心层。

步骤
调和—松醒—折叠—成型—发酵。

准备

550克的羊角面包面团

夹心层

面粉·····························250克
面包专用酵母·················18克
水·······························65克
牛奶···························65克
打发鸡蛋·····················15克
盐·······························15克
糖·······························25克

千层面皮

125克干黄油（276页）或者经典黄油。

学做羊角面包面团

1. 用水和牛奶搅和酵母，用面粉做一个"面粉井"，将水、加酵母的牛奶、盐、糖放在"面粉井"中间，用指尖轻揉，揉成质地均匀的面团。注意，不要过度揉和面团。将面团放在宽口容器中，包上保鲜膜，放在冰箱松醒至第二天。

2. 将250克黄油夹在两层烘焙纸中间，用甜点专用擀面杖擀成边长25厘米的方形黄油片。放在冰箱松醒至第二天。

3. 从冰箱取出夹心层：这时，它的体积已经是昨天的一倍了。

4. 给夹心层除气（284页），从冰箱取出黄油片，静置30分钟。

5. 将工作台上均匀地撒上面粉，在上面将夹心层擀成边长40厘米的方形。将黄油放在面皮中间，把面皮四边朝中间折叠，裹住黄油。面皮各处厚度应保持一致。

6. 将夹心层擀成7毫米厚的长方形。注意，擀面皮的过程中，一定保持擀面皮的方向与身体垂直。

7. 折叠3次，放在冰箱冷藏至使用前。

圆形泡芙面团

要点解析

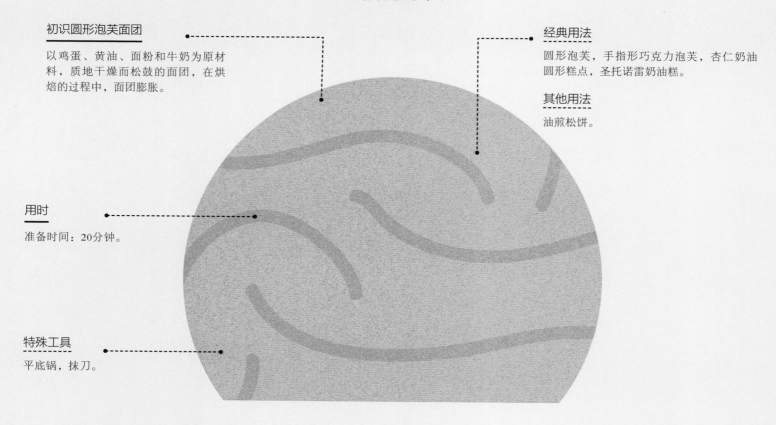

初识圆形泡芙面团

以鸡蛋、黄油、面粉和牛奶为原材料，质地干燥而松鼓的面团，在烘焙的过程中，面团膨胀。

用时

准备时间：20分钟。

特殊工具

平底锅，抹刀。

经典用法

圆形泡芙，手指形巧克力泡芙，杏仁奶油圆形糕点，圣托诺雷奶油糕。

其他用法

油煎松饼。

为什么在烘焙过程中需要排出水汽？

为了使烘焙在干燥的环境中进行，为了达到给甜点上色所需的高温。

是什么使泡芙面团膨胀上升？

在烘焙过程中，面团中的水分蒸发，由液态变为气态。正是这股水蒸气，使面团膨胀、变形。同时，在面团准备过程中，形成的蛋白质网凝固，并使面团保持膨胀的形状。

技巧

不要在硅胶板上制作泡芙，因为如果空气不能正常地流通，就会导致泡芙底下形成凹洞。使面团干燥，尽可能地吸收蛋液，利于膨胀成形。趁面糊还热的时候，加入鸡蛋，让面团在烘焙后形成最完美的口感。

难点

计算鸡蛋的数量：液体（水+奶）的数量（重量）应等于鸡蛋的数量（200克液体对应200克鸡蛋）；如果还有多余的鸡蛋，则将其搅打，称重，保留多余的部分，作为蛋黄浆使用。

手法

使面团变得干燥。（282页）
面糊。（282页）

准备

400克圆形泡芙面团

水	⋯⋯⋯⋯⋯⋯⋯⋯⋯⋯⋯	100克
牛奶	⋯⋯⋯⋯⋯⋯⋯⋯⋯⋯	100克
黄油	⋯⋯⋯⋯⋯⋯⋯⋯⋯⋯	90克
盐	⋯⋯⋯⋯⋯⋯⋯⋯⋯⋯⋯	2克
糖	⋯⋯⋯⋯⋯⋯⋯⋯⋯⋯⋯	2克
面粉	⋯⋯⋯⋯⋯⋯⋯⋯⋯⋯	110克
鸡蛋	⋯⋯⋯⋯⋯⋯⋯⋯⋯⋯	200克

学做圆形泡芙面团

1. 将炉灶预热至230℃。将牛奶、水、盐、糖和黄油放入平底锅，煮沸，黄油在此过程中融化。

2. 当上述混合物开始沸腾时，从炉灶上端开平底锅。将面粉一下全部倒入平底锅，并用抹刀搅拌。这种原始的混合物，我们称之为面糊。（282页）

3. 当面糊变得均匀后，沿着平底锅底，将其摊平。重新加热，无须搅拌。当我们听到锅底发出噼噼啪啪的声音时，晃动平底锅，观察贴近锅底的面团：当面糊形成一层均匀的薄膜时，标志着整个面团已经足够干燥。

4. 从炉灶上端下平底锅，用抹刀继续搅拌面糊，直至所有水蒸气蒸发。加第一个鸡蛋。搅拌至鸡蛋完全与面糊混合时，再加入第二个鸡蛋，以此类推，直至整个面团质地均匀。面团做好后，最好立即使用。

杰诺瓦士海绵蛋糕

要点解析

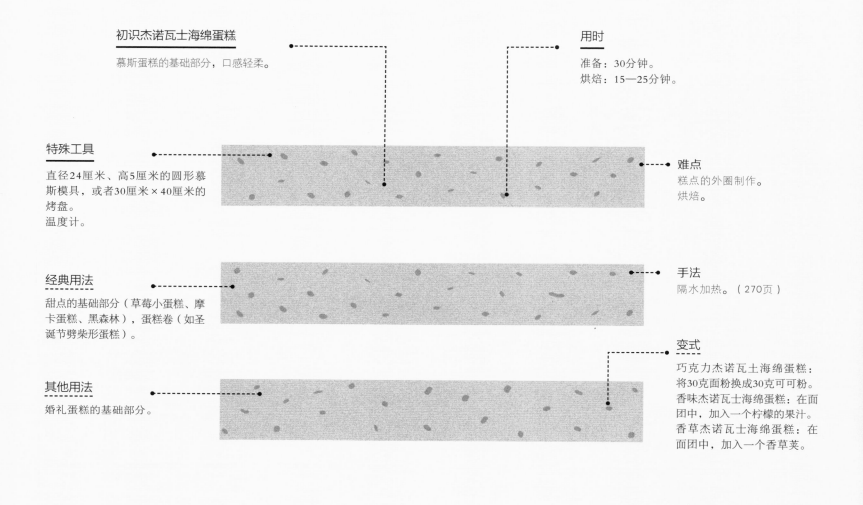

初识杰诺瓦士海绵蛋糕
慕斯蛋糕的基础部分，口感轻柔。

用时
准备：30分钟。
烘焙：15—25分钟。

特殊工具
直径24厘米、高5厘米的圆形慕斯模具，或者30厘米×40厘米的烤盘。
温度计。

难点
糕点的外圈制作。
烘焙。

经典用法
甜点的基础部分（草莓小蛋糕、摩卡蛋糕、黑森林），蛋糕卷（如圣诞节劈柴形蛋糕）。

手法
隔水加热。（270页）

变式
巧克力杰诺瓦士海绵蛋糕：将30克面粉换成30克可可粉。
香味杰诺瓦士海绵蛋糕：在面团中，加入一个柠檬的果汁。
香草杰诺瓦士海绵蛋糕：在面团中，加入一个香草荚。

其他用法
婚礼蛋糕的基础部分。

为什么需要隔水加热鸡蛋和糖？
隔水加热是一种更加柔和的加热方式，可以降低鸡蛋中蛋白质凝固结块的风险。

为什么盛面团的宽口容器不能接触炖锅中的水？
为了避免加热温度过高。隔水加热是用水蒸气加热，而不是直接用水加热，这样的加热方式更为温和。

技巧
用触摸的方式，控制加热。
以指尖触碰，如果混合物表面还能留下指印，那么证明杰诺瓦士海绵蛋糕面团还没有熟透。反之，如果指尖压印迅速反弹，则要立即将炖锅撤离炉灶，停止加热。

学做杰诺瓦士海绵蛋糕

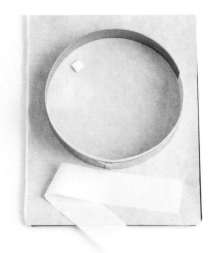

一个杰诺瓦士海绵蛋糕（直径24厘米、高5厘米的圆形慕斯模具，或者30厘米×40厘米的烤盘）

鸡蛋（4个）·····················200克
糖·······························125克
面粉·····························125克

1. 炉灶预热至180℃。将圆形慕斯模具涂上黄油，或准备烤盘。

2. 准备隔水炖锅（270页），注意盛面团的宽口容器不能接触炖锅中的水。在容器中加入鸡蛋和糖。

3. 炖锅中的水开始滚动时，坐上宽口容器。搅打混合物，使之尽可能接触空气，加热至50℃。

4. 端下宽口容器，继续搅打混合物，使之冷却。用搅拌器搅至丝带状。（279页）用橡皮刮刀加入过筛的面粉。

5. 将面糊倒入准备好的模具里，如果需要，可以使用抹刀抹平。根据要做的杰诺瓦士海绵蛋糕厚度不同，烘焙15—25分钟。

乔孔达海绵蛋糕

要点解析

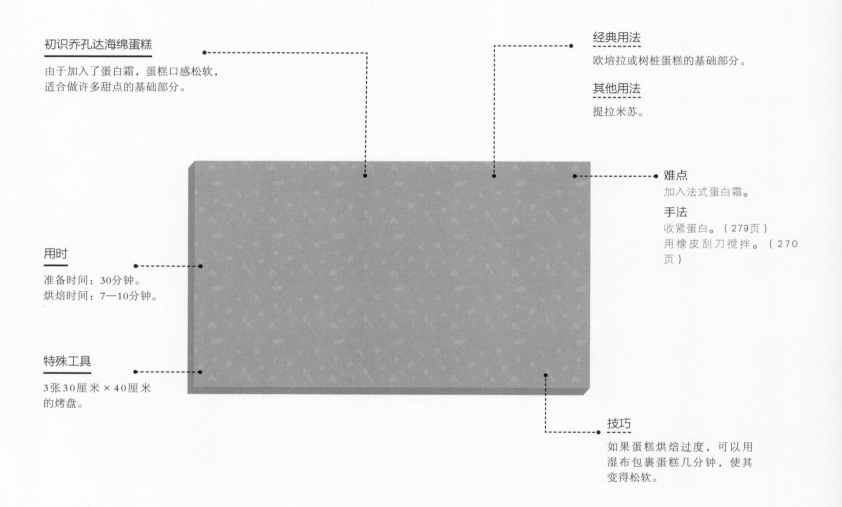

初识乔孔达海绵蛋糕

由于加入了蛋白霜，蛋糕口感松软，
适合做许多甜点的基础部分。

经典用法

欧培拉或树桩蛋糕的基础部分。

其他用法

提拉米苏。

难点

加入法式蛋白霜。

手法

收紧蛋白。（279页）
用橡皮刮刀搅拌。（270
页）

用时

准备时间：30分钟。
烘焙时间：7—10分钟。

特殊工具

3张30厘米×40厘米
的烤盘。

技巧

如果蛋糕烘焙过度，可以用
湿布包裹蛋糕几分钟，使其
变得松软。

如何让蛋糕保持松软？

蛋糕只有在不变干的情况下，才能保持松软。糖分的出现和烘烤的类型对蛋糕保持松软的口感至
关重要。糖分可以锁住水分。也就是我们常说的糖分具有吸湿性。快速烘焙可以避免水分过度蒸
发，进而保持蛋糕松软的口感。

为什么混合物体积会变大？

搅打鸡蛋的过程使其所含的蛋白成分起泡。所以，在准备原料时，混合物体积会变大。

变式

开心果蛋糕：在准备过程初期，加入15克到
30克的开心果泥。
柑橘类蛋糕：加入两个柑橘类水果的果汁。
可可蛋糕：加入30克可可粉。

步骤

基础部分—蛋白霜—蛋糕—烘焙。

学做乔孔达海绵蛋糕

3张30厘米×40厘米的烤盘

1. 蛋糕基础部分

杏仁粉	200克
糖霜	200克
鸡蛋（6个）	300克
面粉	30克

2. 蛋白霜基础部分

蛋白	200克
糖粉	30克

1. 预热炉灶至190℃。用搅拌器搅打糖霜、杏仁粉和200克鸡蛋。整个过程会使原材料体积扩大一倍。加入剩下的鸡蛋，继续搅打5分钟。

2. 常温环境下，轻轻搅打蛋白，直至起泡。增大搅拌器马力的同时，加入1/4的糖。当混合物渐渐变浓稠时，再加入1/4的糖。当混合物呈波浪状时，加入剩下的糖，收紧蛋白（279页），继续搅打2分钟，然后关上搅拌器。

3. 用橡皮刮刀加入（279页）1/3蛋白霜，然后加入过筛面粉。混合物搅拌至质地均匀时，加入剩下的蛋白霜。

4. 将事先准备好的烤盘，包裹上烘焙纸。把混合物倒在烤盘上（每份约300克），并快速烘焙7—10分钟，这样蛋糕可以保持松软的口感。

手指饼干

要点解析

初识手指饼干

法式蛋白霜、蛋黄和面粉做成的饼干,口感松软,常用在夏洛特蛋糕中。

用时

准备时间:30分钟。
烘焙时间:8—15分钟。

经典用法

夏洛特蛋糕,单独的手指饼干。

其他用法

松脂蛋糕,提拉米苏。

特殊工具

裱花袋,
10号裱花嘴,
筛子。

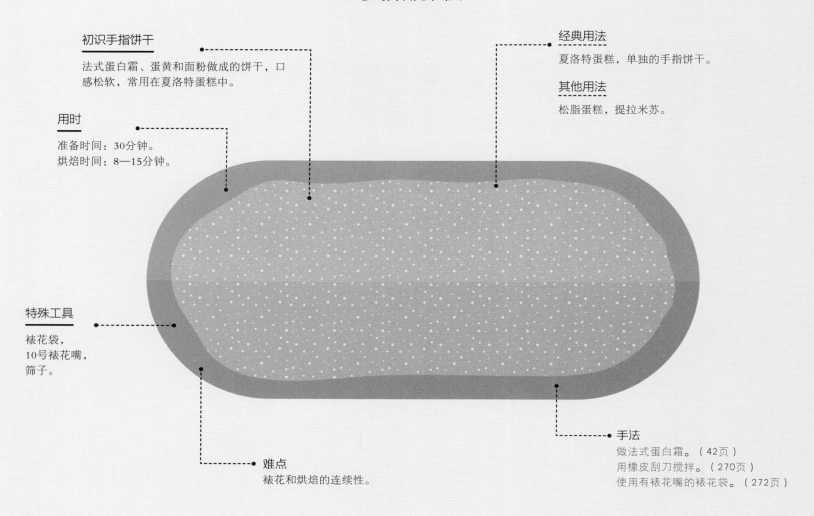

难点

裱花和烘焙的连续性。

手法

做法式蛋白霜。（42页）
用橡皮刮刀搅拌。（270页）
使用有裱花嘴的裱花袋。（272页）

准备过程会产生哪些变化?

法式蛋白霜中有许多气泡。在烘焙的过程中,由于鸡蛋中蛋白质的凝结作用和面粉中淀粉的膨胀,气泡会停留在饼干里。

步骤与保存

法式蛋白霜一面皮一裱花一烘焙。
做好后,饼干可在冷藏环境下保存一天,
在冷冻环境下保存3个月。

学做手指饼干

30个饼干

或者2个饼盘（直径24厘米），
或者2排饼干（长40厘米）。

1. **基础部分**

面粉·····················100克
马铃薯淀粉·················25克
蛋黄······················80克

2. **法式蛋白霜**

蛋白·····················150克
糖·······················125克

3. **撒糖霜**

糖霜······················30克

1. 面粉和淀粉过筛。注意，要选择细网眼的筛子。

2. 做法式蛋白霜。（43页）用橡皮刮刀边搅拌，边加入事先打好的蛋黄。然后再加入过筛的面粉和淀粉。

3. 在烤盘上铺上一层烘焙纸。如果是做单独的手指饼干，则将6厘米长的饼干均匀地摆开，裱花，注意饼干之间留出足够的空隙。如果是做饼干排，则将6厘米长的饼干紧密地摆成一排，裱花。如果是做饼干盘，则由内而外螺旋形裱花。（272页）每隔5分钟，用筛子撒一次糖霜，一共撒两次。根据饼干形状不同，烘焙8—15分钟。烘烤好的饼干，不会粘连烤盘上的烘焙纸。

酥可饼干

要点解析

初识酥可饼干
用蛋白霜和干果粉制作的饼干，作为甜品的基础部分使用。

经典用法
酥可饼干。

用时
准备时间：30分钟。
烘焙时间：15—25分钟。

变式
用等量的榛子粉或者杏仁粉代替核桃粉。

特殊工具
30厘米×40厘米的烤盘
（或者直径20厘米的甜品制作圈），
裱花袋，
10号裱花嘴。

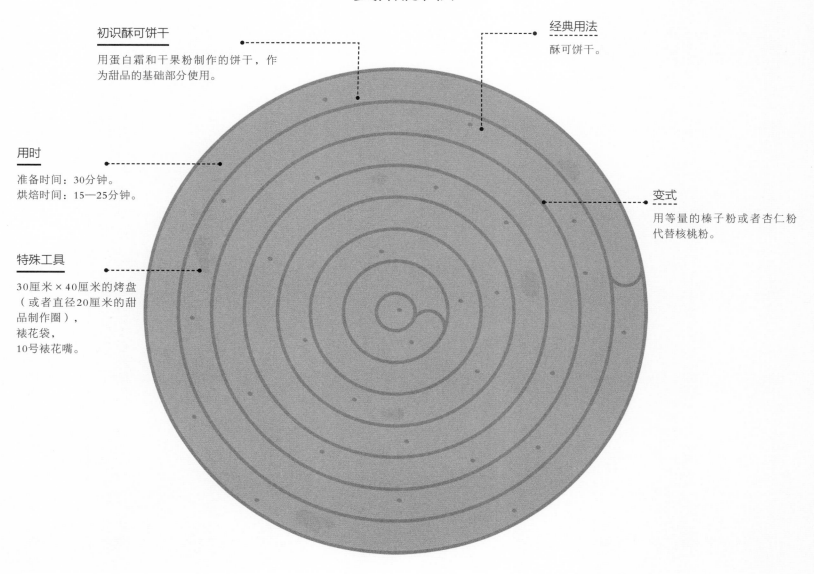

饼干酥脆的口感来自哪里？
原料中，不含鸡蛋，面粉量少，赋予了饼干酥脆的口感。蛋白霜中的蛋白成分是唯一对饼干结实程度产生影响的因素。

手法
用橡皮刮刀搅拌。（270页）
使用有裱花嘴的裱花袋。（272页）

步骤
法式蛋白霜—饼干—裱花—烘焙。

学做酥可饼干

一张30厘米×40厘米的饼干

（或者直径20厘米的饼盘）

1. 基础饼干

面粉·······················40克

坚果粉·····················115克

糖·························130克

2. 法式蛋白霜

蛋白·······················190克

糖·························70克

1. 预热炉灶至180℃。将面粉、糖和坚果粉分别过筛。

2. 做法式蛋白霜。（42页）一边用橡皮刮刀搅拌，一边加入过筛的原材料。

3. 如果做两个饼盘，就在烘焙纸上画两个直径为20厘米的圆圈。裱花袋里装上面糊（10号裱花嘴）。由内而外（272页），做一个螺旋形的饼盘。

4. 做一张大饼干：用抹刀，将面团平摊在铺有烘焙纸的烤盘上。

5. 烘焙15—25分钟。掀开烘焙纸，饼干轻微着色。

无面粉巧克力饼干

要点解析

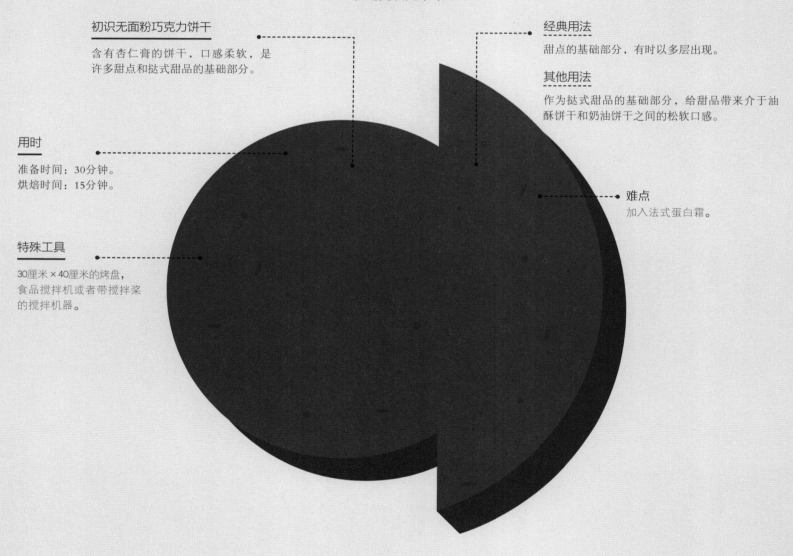

初识无面粉巧克力饼干

含有杏仁膏的饼干，口感柔软，是许多甜点和挞式甜品的基础部分。

经典用法

甜点的基础部分，有时以多层出现。

其他用法

作为挞式甜品的基础部分，给甜品带来介于油酥饼干和奶油饼干之间的松软口感。

用时

准备时间：30分钟。
烘焙时间：15分钟。

难点

加入法式蛋白霜。

特殊工具

30厘米×40厘米的烤盘，食品搅拌机或者带搅拌桨的搅拌机器。

如何做无面粉饼干?

在烘焙饼干时，面粉中淀粉的凝结（膨胀）让饼干变得结实。在减轻饼干重量的同时，还需要保证饼干的结实程度，秘诀就是把面粉换成杏仁膏：杏仁膏也可以像面粉一样凝结（膨胀）。另外，不用面粉，饼干里就不会有谷蛋白，有些人对谷蛋白会有过敏反应。

手法

准备隔水炖锅。（270页）
做法式蛋白霜。（42页）
用橡皮刮刀搅拌。（270页）

步骤

融化巧克力—基础面皮—法式蛋白霜—烘焙。

学做无面粉巧克力饼干

一张30厘米×40厘米的大饼干

1. 巧克力饼干的基础部分

黄油·····················40克
可可含量60%的巧克力·······140克
杏仁膏·····················70克
蛋黄·····················30克

2. 法式蛋白霜

蛋白·····················160克
糖·····················60克

1. 预热炉灶至180℃。准备隔水炖锅（270页），慢慢将黄油和巧克力融化。
2. 把杏仁膏放在食品搅拌机的容器中，如果用带搅拌桨的食品搅拌器，那就把杏仁膏放在碗里。中速搅拌，一点点加入蛋黄。搅拌过程中可以不时用橡皮刮刀清理容器内壁。
3. 混合物搅拌均匀后，加入融化的黄油和巧克力，低速搅拌。然后将混合物倒在宽口容器中。
4. 做法式蛋白霜（42页）。把1/3的蛋白霜倒在第三步做好的混合物中，快速搅打。
5. 加入剩下的蛋白霜，用橡皮刮刀轻轻搅打。（272页）
6. 混合物搅打均匀后，将烤盘上铺上一层烘焙纸，把混合物平摊在烘焙纸上。烘焙12分钟。出炉后，取下烤盘上的烘焙纸，将饼干放在工作台上，防止其变干。

法式蛋白霜

要点解析

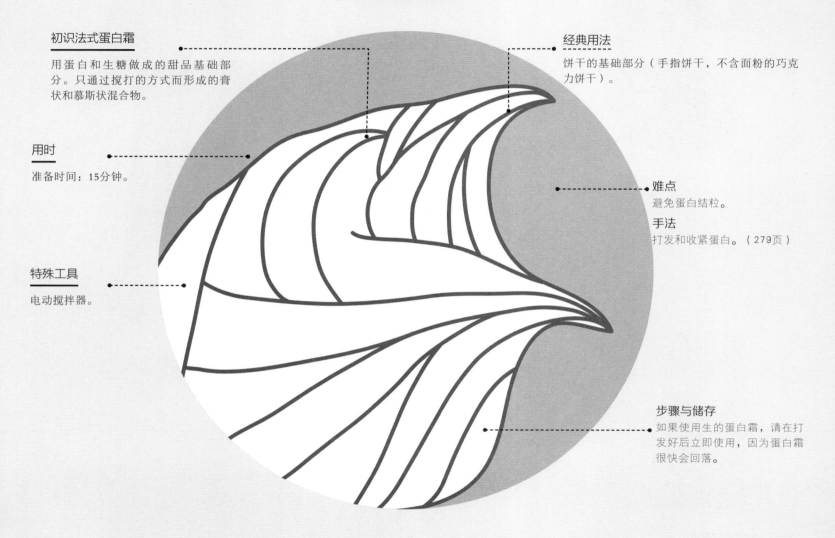

初识法式蛋白霜

用蛋白和生糖做成的甜品基础部分。只通过搅打的方式而形成的膏状和慕斯状混合物。

用时

准备时间：15分钟。

特殊工具

电动搅拌器。

经典用法

饼干的基础部分（手指饼干，不含面粉的巧克力饼干）。

难点

避免蛋白结粒。

手法

打发和收紧蛋白。（279页）

步骤与储存

如果使用生的蛋白霜，请在打发好后立即使用，因为蛋白霜很快会回落。

是什么让蛋白霜起泡？

慕斯是液体中气泡散开形成的效果。当蛋白被打发至白雪状时，打蛋器将蛋白质的球形分子构造打破，与水和空气结合。糖增加了液体的黏性，放缓了液体外流的趋势，缩小了起泡的体积。

为什么蛋白有结粒的可能性？

如果过度打发蛋白，则会产生结粒现象。打蛋器将蛋白质的球形分子构造打破，使其与气泡结合，并将气泡包裹在里面，直至结构稳定。如果过度打发蛋白，蛋白质分子互相碰撞，然后结合在一起；这时，蛋白霜上就会出现结粒现象。

为什么要在常温环境中打发蛋白，且更偏向使用陈鸡蛋？

这并不是制作法式蛋白霜的必要条件，但是满足上述两条，蛋白更容易被打发成白雪状，因为蛋白质分子的球形分子结构更容易被打破，迅速地将气泡包裹在里面。

学做法式蛋白霜

275克法式蛋白霜

蛋白·····················150克
糖·······················125克

1. 将蛋白放在打蛋器的容器中，加入1/4的糖。
2. 把打蛋器调至1/4挡：混合物应该呈现慕斯状。
3. 将打蛋器调至1/2挡。一旦蛋白表面出现波纹，就再加入1/4的糖。

4. 将打蛋器调至3/4挡。一旦蛋白在打蛋器周围收紧，就可以加入剩下的糖，将打蛋器调至最大挡。搅打两分钟。当我们取出打蛋器时，蛋白霜会呈如图中的鸟嘴状。

意式蛋白霜

要点解析

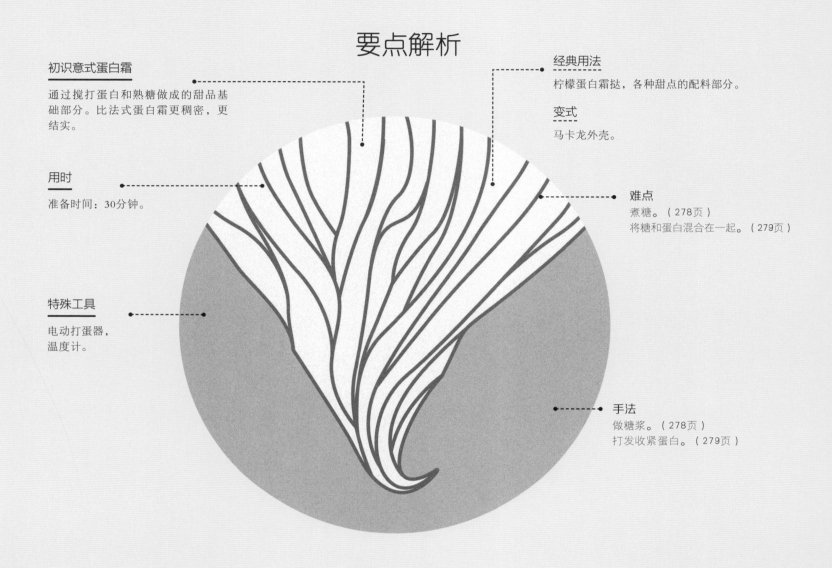

初识意式蛋白霜

通过搅打蛋白和熟糖做成的甜品基础部分。比法式蛋白霜更稠密，更结实。

用时

准备时间：30分钟。

特殊工具

电动打蛋器，温度计。

经典用法

柠檬蛋白霜挞，各种甜点的配料部分。

变式

马卡龙外壳。

难点

煮糖。（278页）
将糖和蛋白混合在一起。（279页）

手法

做糖浆。（278页）
打发收紧蛋白。（279页）

为什么要将糖浆加热至121℃？

当糖浆加热至121℃时，糖浆会均匀地分散在打发成白雪状的蛋白中间。一方面，灼热的糖浆让其中一部分水分蒸发，使蛋白慕斯膨胀，另一方面，糖浆有足够的黏性保持蛋白慕斯的凝聚力。所以，熟糖的效果比生糖更好。

意式蛋白霜的特点

这是一种熟蛋白霜。相比其他蛋白霜，意式蛋白霜更适合用来做挞式甜品或者蛋糕的配料，因为它可以直接放在烤熟的甜品上。同时烘焙蛋白霜和甜点经常会导致过度烘烤的情况。

步骤

糖浆—打发蛋白—在蛋白中加入糖浆—搅打至冷却。

学做意式蛋白霜

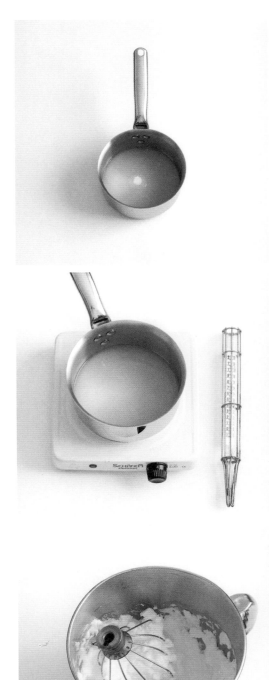

400克意式蛋白霜

蛋白	100克
水	80克
糖	250克

1. 将水倒入干净的平底锅中。慢慢加糖，防止溅出。

2. 加热糖水，用温度计检测糖水的温度。注意，温度计不能触碰锅沿或者锅底。

3. 当糖浆达到114℃时，用打蛋器全力打发蛋白。

4. 当糖浆达到121℃时，停止加热，将平底锅端离炉灶。待糖浆气泡消散完，一边浇糖浆一边继续打发蛋白，直至冷却。

瑞士蛋白霜

要点解析

经典用法
裱花用的熟蛋白霜，帕夫洛娃，甜点的基础蛋白霜部分。

初识瑞士蛋白霜
通过加热、搅打蛋白和糖做成的甜点基础部分。相比起法式蛋白霜和意式蛋白霜，质地更加稠密、结实。

用时
准备时间：15分钟。

特殊工具
电动打蛋器，温度计。

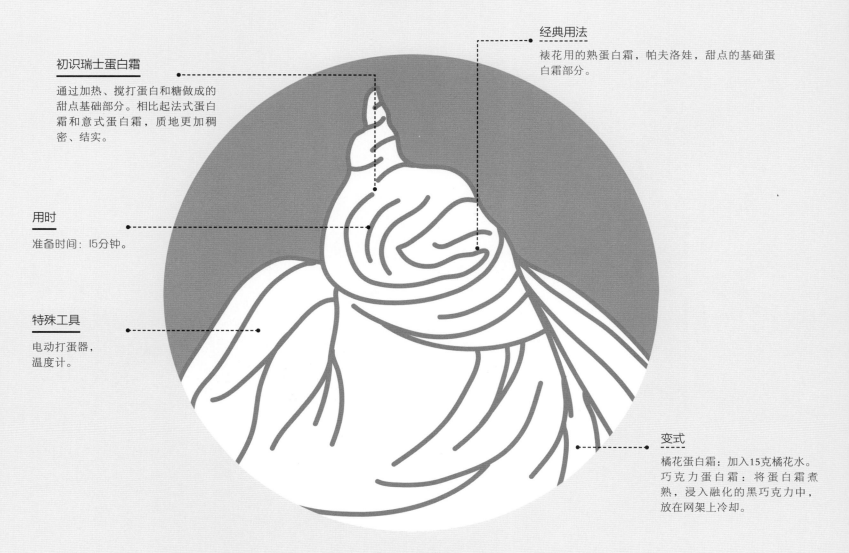

变式
橘花蛋白霜：加入15克橘花水。
巧克力蛋白霜：将蛋白霜煮熟，浸入融化的黑巧克力中，放在网架上冷却。

为什么要在隔水炖锅里打发蛋白霜？
在50℃的隔水炖锅里打发蛋白，可以更进一步让蛋白分子分裂，进而将气泡包裹在里面，形成更小的气泡。这也是为什么相比起法式蛋白霜和意式蛋白霜，其质地更加稠密、结实。

难点
加热的同时，打发蛋白。

手法
准备隔水炖锅。（270页）
打发收紧蛋白。（279页）

学做瑞士蛋白霜

300克瑞士蛋白霜

蛋白	100克
糖	100克
糖霜	100克

1. 准备隔水炖锅（270页）。当水轻微滚动时，将蛋白和糖放入隔水容器中。为了使蛋白变浓稠，搅打时，让混合物尽量接触空气。搅打的同时，注意监测温度，当蛋白温度达到50℃时，停止搅打。

2. 把容器从隔水炖锅上取下，继续搅打，直至冷却。这时，蛋白霜的质地变得稠密。

3. 用橡皮刮刀边搅拌，边加入过筛的糖霜。

焦糖

要点解析

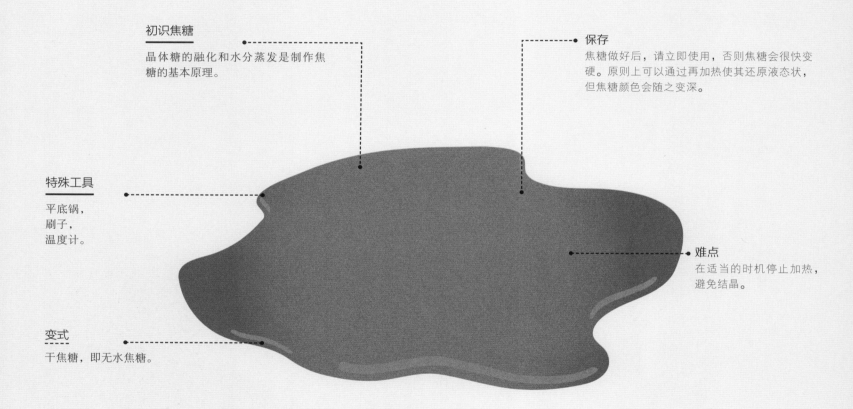

初识焦糖

晶体糖的融化和水分蒸发是制作焦糖的基本原理。

保存

焦糖做好后,请立即使用,否则焦糖会很快变硬。原则上可以通过再加热使其还原液态状,但焦糖颜色会随之变深。

特殊工具

平底锅,
刷子,
温度计。

难点

在适当的时机停止加热,避免结晶。

变式

干焦糖,即无水焦糖。

传统焦糖和无水焦糖之间有什么区别?

传统焦糖(原料为糖和水)通常被当作甜味配料和泡芙表层糖霜使用。无水焦糖(原料中不含水)则被用作焦糖味香料,其味道比传统焦糖更加浓烈。

为什么温度是检测加热程度的重要指标?

加热糖时,水分蒸发,温度升高。因此,温度是检验糖浆糖分浓度的重要指标。

为什么糖会聚合?

当糖结晶时,糖会聚合:加热时,出现结晶,这种结晶会使全部的糖浆结晶。如果糖没有充分融化,或者平底锅壁上的结晶落到锅里,就会出现聚合。

学做焦糖

700克焦糖

水························125克
糖························500克
葡萄糖糖浆··················100克

1. 将平底锅洗净（如果是铜制平底锅，就在锅里放上粗盐和白醋，用钢丝绒擦拭平底锅）。在炉灶旁边，准备一大盆冷水。先称水，再称糖。始终保持平底锅锅壁干净整洁。

2. 煮沸，然后倒入葡萄糖糖浆。用湿润的刷子不断清理平底锅锅壁，加热至165℃。注意，刷子不要沾到糖浆。一旦达到规定温度，就将平底锅锅底放入冷水中降温，瞬间停止加热。

无水焦糖

把糖放在平底锅中。将炉灶火力开至3/4挡。糖一旦开始融化，形成焦糖时，就开始搅打。

杏仁牛轧

要点解析

杏仁牛轧
在融化的糖浆里加入杏仁碎，做成口感松脆的焦糖。

其他用法
巧克力糖配料品。

用时
准备时间：30分钟。
加热时间：25分钟。

变式
经典牛轧：用杏仁丝代替杏仁碎。
干果牛轧：用芝麻、榛子、花生代替杏仁碎。

特殊工具
牛轧糖专用擀面杖或者甜点擀面杖，
牛轧糖专用凿子或者传统凿子。

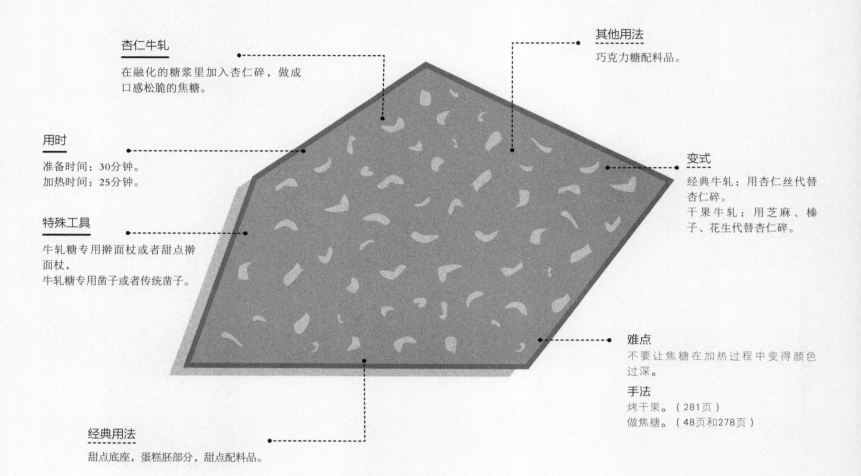

难点
不要让焦糖在加热过程中变得颜色过深。

手法
烤干果。（281页）
做焦糖。（48页和278页）

经典用法
甜点底座，蛋糕胚部分，甜点配料品。

为什么用葡萄糖浆而不是糖？
与糖中的蔗糖酶成分不同，葡萄糖浆不会结晶。正因为如此，葡萄糖浆比糖更常用，特别是在制作牛轧糖的时候。

技巧
如果做好牛轧糖不立即使用，或者要避免牛轧糖变得太硬，无法进行下一步操作，可以将其放入烤箱加热到140℃。边加热边观察，避免牛轧糖粘在容器上或者烤盘上，然后轻轻淋上少量油。

步骤与储存
烤干果—制作焦糖—摊开—加热—切块放在干燥、温度不宜过低的环境中保存。

学做杏仁牛轧

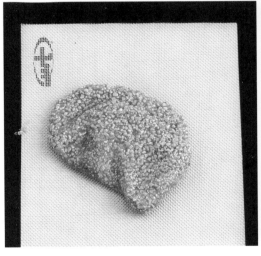

800克牛轧糖

杏仁碎·····················250克
奶油软糖·················300克
葡萄糖糖浆·············250克

1. 预热烤箱至180℃。将烤箱盘上铺上一层烘焙纸或者一层硅胶隔板。烤（281页）杏仁碎，时间为15—20分钟；烤好的杏仁碎为金黄色。

2. 把奶油软糖和葡萄糖糖浆放在干净的平底锅中，加热，并不时用抹刀搅拌。当焦糖还是透明色时，加入烤好的杏仁碎并搅拌。

3. 一旦焦糖变成预期想要的颜色（2—5分钟），将焦糖混合物倒在烘焙纸上。为了让牛轧糖的温度保持均匀，把糖饼从周边向中间多折几次。把做好的牛轧糖放在140℃的烤箱中，边加热边观察。或者放在抹油的烤盘上，直接使用。

卡仕达酱

要点解析

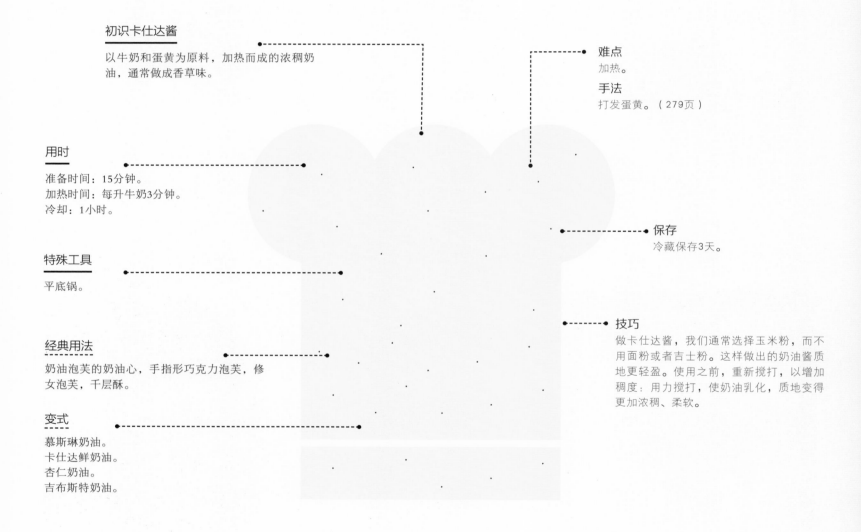

初识卡仕达酱

以牛奶和蛋黄为原料，加热而成的浓稠奶油，通常做成香草味。

难点

加热。

手法

打发蛋黄。（279页）

用时

准备时间：15分钟。
加热时间：每升牛奶3分钟。
冷却：1小时。

特殊工具

平底锅。

保存

冷藏保存3天。

经典用法

奶油泡芙的奶油心，手指形巧克力泡芙，修女泡芙，千层酥。

技巧

做卡仕达酱，我们通常选择玉米粉，而不用面粉或者吉士粉。这样做出的奶油酱质地更轻盈。使用之前，重新搅打，以增加稠度：用力搅打，使奶油乳化，质地变得更加浓稠、柔软。

变式

慕斯琳奶油。
卡仕达鲜奶油。
杏仁奶油。
吉布斯特奶油。

为什么需要打发糖和蛋黄？

打发糖和蛋黄，使其变得质地均匀。加热时，糖对蛋白质起着保护作用。如果把糖和蛋黄中的蛋白质均匀地混合在一起，那么在做卡仕达酱的过程中，结块的风险就会大大降低。

奶油冷却时，为什么表面会结皮？

出现这种现象是由于奶油加热时，蛋白质凝结，奶油表层脱水而造成的（正如同我们加热牛奶时，牛奶表面也会结皮）。

用面粉做的卡仕达酱和用玉米粉做的卡仕达酱有何区别？

用面粉还是玉米粉，决定了卡仕达酱的浓稠度。更换原料就改变了淀粉的来源，进而改变了淀粉的质地。每种淀粉都有自己的特点。在质地相同的情况下，我们更倾向使用麦子磨成的面粉（淀粉来自小麦）而不是玉米粉（淀粉来自玉米）。在重量一样的情况下，玉米粉做成的卡仕达酱比面粉做的卡仕达酱质地更轻盈一些。

学做卡仕达酱

800克卡仕达酱

基础奶油

牛奶	500克
蛋黄	100克
糖	120克
玉米粉	50克
黄油	50克

1. 在宽口容器中，打发蛋黄和糖（279页），加入玉米粉。
2. 牛奶倒入平底锅中，加入香草荚。煮沸牛奶，并将一半牛奶倒入蛋黄、糖、玉米粉的混合物中，搅打。搅打均匀后，再次倒入平底锅中，一边加热，一边搅拌。

3. 当混合物开始变得浓稠时，继续搅拌。自煮沸时算起，每升牛奶煮3分钟即可。
4. 停止加热，加入黄油，将平底锅端离炉灶。
5. 将混合物倒入烤盘中，迅速冷却。如有与空气接触的地方，则用保鲜膜覆盖。一旦冷却，立即使用。

黄油奶油

要点解析

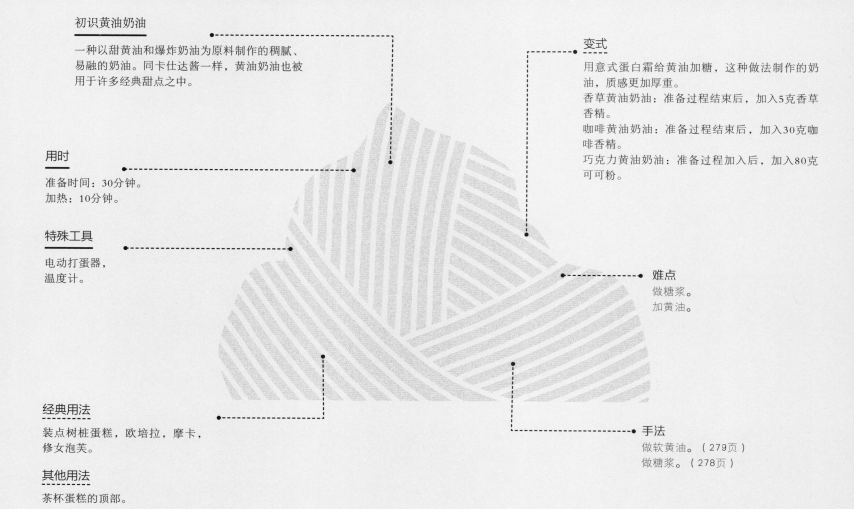

初识黄油奶油

一种以甜黄油和爆炸奶油为原料制作的稠腻、易融的奶油。同卡仕达酱一样，黄油奶油也被用于许多经典甜点之中。

用时

准备时间：30分钟。
加热：10分钟。

特殊工具

电动打蛋器，
温度计。

经典用法

装点树桩蛋糕，欧培拉，摩卡，
修女泡芙。

其他用法

茶杯蛋糕的顶部。

变式

用意式蛋白霜给黄油加糖，这种做法制作的奶油，质感更加厚重。
香草黄油奶油：准备过程结束后，加入5克香草香精。
咖啡黄油奶油：准备过程结束后，加入30克咖啡香精。
巧克力黄油奶油：准备过程加入后，加入80克可可粉。

难点

做糖浆。
加黄油。

手法

做软黄油。（279页）
做糖浆。（278页）

在鸡蛋中加入115℃的糖浆，将会产生什么反应？

将糖浆加热到115℃，其中部分水分蒸发。一旦接触热糖浆，鸡蛋中的蛋白质结构就会发生变化。这种蛋白质结构的变化表现为鸡蛋和糖的混合物变浓稠。

技巧

提前3小时取出黄油（夏季1小时），以使黄油变软。这样在搅拌时黄油和鸡蛋就能保持温度一致了。如果奶油结粒，可以将其冷冻，直到表皮变硬。然后一边用喷灯微微加热，一边用打蛋器搅打。

步骤与保存

取出黄油—打发鸡蛋—糖浆—加入黄油。
最理想的状态是做好黄油奶油后立即使用。
如果不立即使用，那就将其放在保鲜膜包裹的密封盒里，冷藏保存3天，冷冻保存3个月。

学做黄油奶油

450克黄油奶油

鸡蛋（2个）······················100克
水································40克
糖································130克
软黄油·····························200克

1. 用打蛋器打发鸡蛋，至体积变大3倍。
2. 用平底锅盛水，加糖。做糖浆（278页）。加热至115℃时，停止加热。

3. 一边将糖浆呈流线形缓缓浇入鸡蛋中，一边搅打。鸡蛋和糖的混合物质地变得浓厚，最终呈奶油状。
4. 冷却后，一点点加入黄油，并且不停地搅打。如有需要，可以加入不同口味的香料。

慕斯琳奶油

要点解析

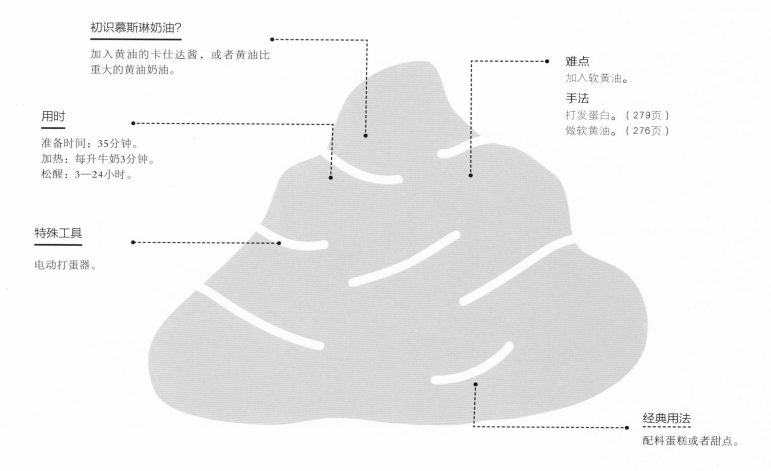

初识慕斯琳奶油?

加入黄油的卡仕达酱，或者黄油比重大的黄油奶油。

用时

准备时间：35分钟。
加热：每升牛奶3分钟。
松醒：3—24小时。

特殊工具

电动打蛋器。

难点

加入软黄油。

手法

打发蛋白。（279页）
做软黄油。（276页）

经典用法

配料蛋糕或者甜点。

是什么赋予了慕斯琳奶油良好的稳定性?

慕斯琳奶油用冷却的卡仕达酱加入软黄油。冷却时，黄油会使膨胀的奶油质地变硬。

步骤与保存

卡仕达酱—加入黄油。
冷藏保存3天。

学做慕斯琳奶油

1千克慕斯琳奶油

1. 卡仕达酱

牛奶	500克
蛋黄	100克
糖	120克
玉米粉	50克
黄油	125克

2. 黄油

软黄油	125克

1. 做卡仕达酱。（53页）
2. 停止加热时，加入黄油。然后将卡仕达酱盛在盘里，包上保鲜膜。待到温热时，放在冰箱冷藏。

3. 完全冷却后，搅打奶油3—5分钟。一边加入软黄油，一边搅打均匀。做好后，立即使用。

爆炸奶油

要点解析

初识爆炸奶油
以鸡蛋和糖浆为原料制作的奶油，质地轻盈，给甜点带来空气感。

难点
加热糖。
加入糖浆。

手法
制作糖浆。（278页）

用时
准备时间：20分钟。

步骤与保存
打发鸡蛋—做糖浆—搅拌
立即使用。

特殊工具
温度计，
电动打蛋器。

爆炸奶油的特点
这是一种鸡蛋慕斯。搅打好的混合物中加入热糖浆时，由于鸡蛋中蛋白质的凝结，所以爆炸奶油的质地较为稳定。

经典用法
冰激凌球。
巧克力慕斯。
水果慕斯。

做250克爆炸奶油

鸡蛋（2个）·····················100克
水·······························40克
糖·······························130克

1. 用打蛋器的最高挡打发蛋液。直至蛋液体积变为原来的3倍。
2. 用小平底锅，加入糖和水，做糖浆（278页）。加热至115℃。
3. 停止加热糖浆，将其静置至水泡消失。一边将糖浆呈流线形缓缓浇入鸡蛋中，一边搅打，直至冷却。做好后，立即使用。

学做爆炸奶油

英式奶油

要点解析

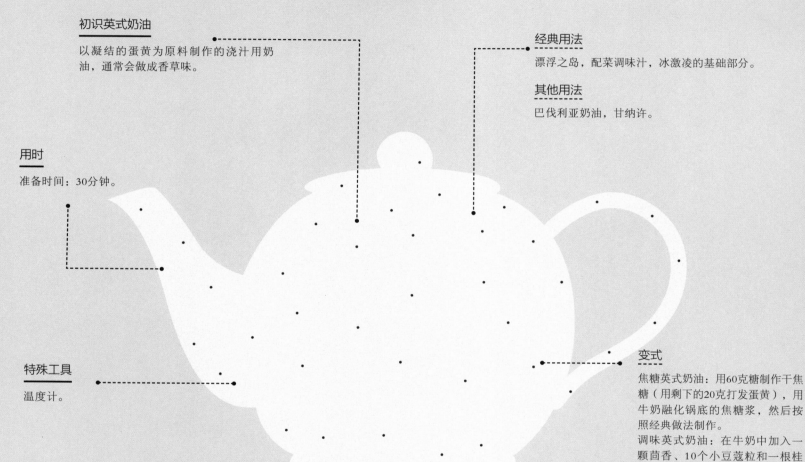

初识英式奶油

以凝结的蛋黄为原料制作的浇汁用奶油，通常会做成香草味。

经典用法

漂浮之岛，配菜调味汁，冰激凌的基础部分。

其他用法

巴伐利亚奶油，甘纳许。

用时

准备时间：30分钟。

特殊工具

温度计。

变式

焦糖英式奶油：用60克糖制作干焦糖（用剩下的20克打发蛋黄），用牛奶融化锅底的焦糖浆，然后按照经典做法制作。

调味英式奶油：在牛奶中加入一颗茴香、10个小豆蔻粒和一根桂皮，然后按照经典做法制作。

为什么制作英式奶油时需要特别注意温度？

当容器在加热时，鸡蛋中的蛋白凝结，原材料开始变得浓稠。如果温度超过85℃，鸡蛋中大部分蛋白凝结，奶油质地变得过于浓稠，就无法作为浇汁用奶油。

技巧

当奶油开始凝结时，将奶油倒入另一个干净的容器，搅拌过筛。

难点

加热。

手法

打发蛋黄。（279页）
过筛。（270页）

保存

冷藏保存3天。

学做英式奶油

650克英式奶油

牛奶……………………………500克
蛋黄……………………………100克
糖………………………………80克
香草荚…………………………1个

1. 加糖，打发蛋黄。（279页）
2. 牛奶倒入平底锅中，加入剖开的香草荚。煮沸。

3. 将煮沸的牛奶一半倒入打发的蛋黄中。轻轻搅拌至质地均匀，然后倒回平底锅中。
4. 重新用中火加热，并用抹刀不断搅拌，直至奶油可以包裹在抹刀上，温度最高不超过85℃。过筛（270页），冷藏。

尚蒂伊奶油

要点解析

初识尚蒂伊奶油

甜味打发奶油，脂肪含量30%以上。除了香料，不添加别的材料。

用时

冷藏时间：30分钟。
准备时间：15分钟。

特殊工具

食物搅拌器或电动打蛋器。

经典用法

甜点配料，配饰。

变式

杏仁尚蒂伊奶油：
加入30克杏仁碎。
开心果尚蒂伊奶油：
加入10克开心果泥。
马士卡彭尚蒂伊奶油（比经典尚蒂伊奶油质地更浓稠、结实）：
加入一汤勺马士卡彭奶酪。

技巧

为了让脂肪保持稳定，使用冷奶油，并将工具冷藏。

步骤与保存

冷藏工具—打发。
冷藏保存3天；如果奶油有下塌迹象，重新搅打即可。

为什么规定最低脂肪含量？

搅打的过程中，空气与奶油混合，奶油中的脂肪在小气泡周围结晶。如果脂肪含量不够，不足以稳定奶油中的小气泡，那么奶油同样也不会太稳定。

为什么冷奶油更容易打发？

制作尚蒂伊奶油时，冷藏是为了让脂肪结晶，否则奶油的质地不稳定。

为什么最好使用冷藏过的不锈钢容器？

不锈钢容器有利于热交换。用冷藏过的不锈钢容器，可以加速脂肪结晶，奶油质地优良。如果室内温度过高，可以将不锈钢容器放在冰盆中。

如果打发过度，会发生什么？

打发过度，会做成黄油。奶油失去稳定性，产生水和脂肪分离的现象。

什么时候加糖，原因是什么？

为了保持尚蒂伊奶油的稳定性，最好是在开始制作奶油时加糖，以便糖分充分溶化在奶油中。

学做尚蒂伊奶油

550克尚蒂伊奶油

液体奶油（脂肪含量30％以上）
·················500克
糖霜·················80克

1. 将容器和奶油冷藏30分钟。然后把奶油和糖放在食物搅拌器中。

2. 先轻轻搅打，使糖慢慢溶入奶油之中。

3. 然后将搅拌器开至最大速度，搅打，收紧奶油：奶油质地变浓稠。或立即使用，或放入冰箱冷藏。

杏仁奶油

要点解析

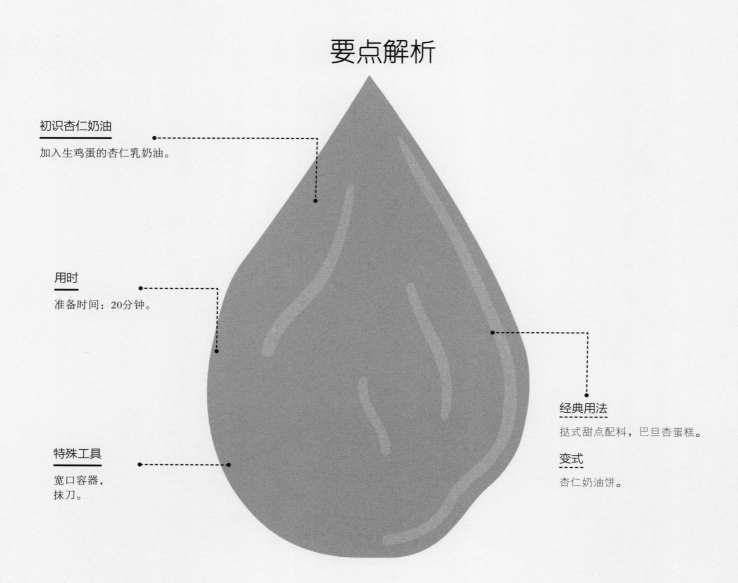

初识杏仁奶油

加入生鸡蛋的杏仁乳奶油。

用时

准备时间：20分钟。

特殊工具

宽口容器，
抹刀。

经典用法

挞式甜点配料，巴旦杏蛋糕。

变式

杏仁奶油饼。

为什么在加热过程中，奶油会膨胀？

原材料在搅拌时不断与空气接触，混入许多气泡，加热过程中，气泡膨胀，因此奶油也会跟着膨胀，进而呈现出慕斯状。

难点

搅拌。

手法

打发呈奶油状。（276页）

技巧

如果用冷藏的奶油，需提前将奶油从冰箱中取出，使其温度升高，质地变软。

保存

冷藏保存2天。

学做杏仁奶油

400克杏仁奶油

黄油·······················100克
糖·························100克
杏仁粉·····················100克
鸡蛋（2个）···············100克
面粉·······················20克

1. 提前从冰箱中取出奶油，放在常温环境中使其质地变软。在宽口容器中，加入黄油和糖，用抹刀搅拌，即搅打成奶油状。

2. 加入杏仁粉，鸡蛋和面粉。用抹刀搅拌，注意不要混入过多的空气。杏仁奶油做好之后，或立即使用，或冷藏保存。

吉布斯特奶油

要点解析

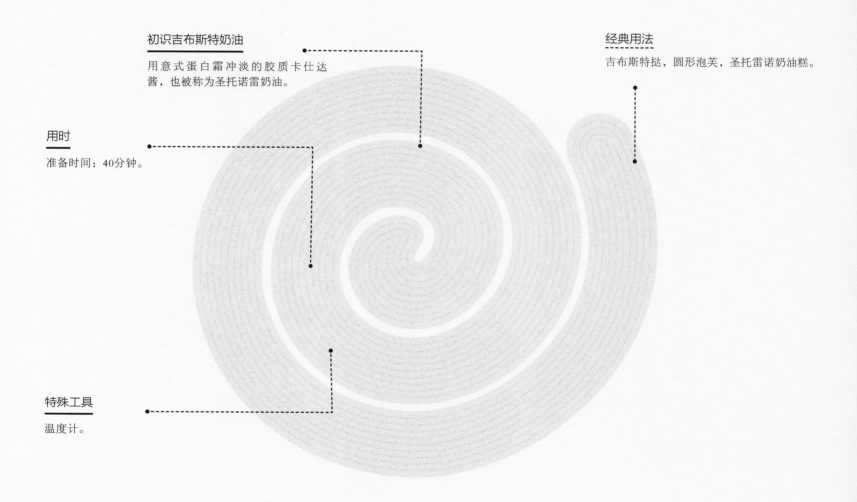

初识吉布斯特奶油
用意式蛋白霜冲淡的胶质卡仕达酱，也被称为圣托诺雷奶油。

经典用法
吉布斯特挞，圆形泡芙，圣托雷诺奶油糕。

用时
准备时间：40分钟。

特殊工具
温度计。

加入意式蛋白霜之后，奶油有何变化？
加入意式蛋白霜之后，卡仕达酱明显变得更加清淡。

难点
加热卡仕达酱。

手法
泡发明胶。（270页）
先用搅拌器搅拌，再用橡皮刮刀搅拌。（270页）

步骤与保存
卡仕达酱—冷却—意式蛋白霜—混合搅拌两种奶油。
冷藏保存3天。

学做吉布斯特奶油

600克吉布斯特奶油

1. 卡仕达酱

牛奶	250克
蛋黄	50克
糖	60克
米粉	25克
黄油	25克
明胶	8克

2. 意式蛋白霜

蛋白	50克
水	40克
糖	125克

1. 做卡仕达酱（52页），加热后，加入事先泡发好并沥水的明胶，冷却。
2. 意式蛋白霜（44页）。搅打冷却至30℃的卡仕达酱，然后加入1/3意式蛋白霜，继续用搅拌器搅打。
3. 加入剩下的2/3意式蛋白霜，用橡皮刮刀搅打。做好后，立即使用。

蜜饯布丁奶油

要点解析

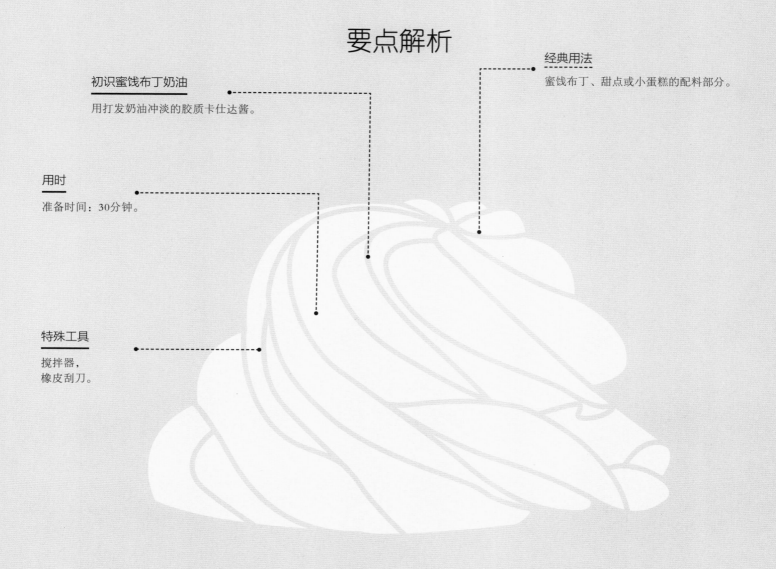

初识蜜饯布丁奶油

用打发奶油冲淡的胶质卡仕达酱。

经典用法

蜜饯布丁、甜点或小蛋糕的配料部分。

用时

准备时间：30分钟。

特殊工具

搅拌器，
橡皮刮刀。

做好的蜜饯布丁奶油，为什么最好立即使用？

加入搅打的奶油后，卡仕达酱被"粘"在了明胶上，形成了较为结实的蜜饯布丁奶油。也就是说，在冷却和卡仕达酱被"粘"住之前是制作蜜饯布丁奶油的最佳时机。最终，奶油在膨胀的甜点上成型。

难点
卡仕达酱加热。

手法
泡发明胶。（270页）
先用搅拌器搅拌，再用橡皮刮刀搅拌。（270页）

步骤与保存
卡仕达酱—冷却—打发奶油—混合搅拌两种奶油。
冷藏保存3天。

学做蜜饯布丁奶油

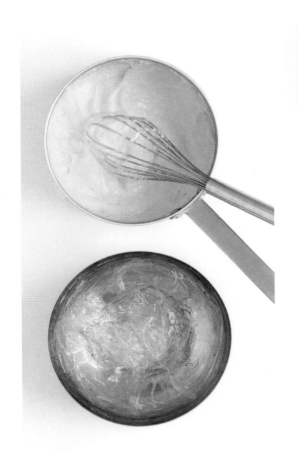

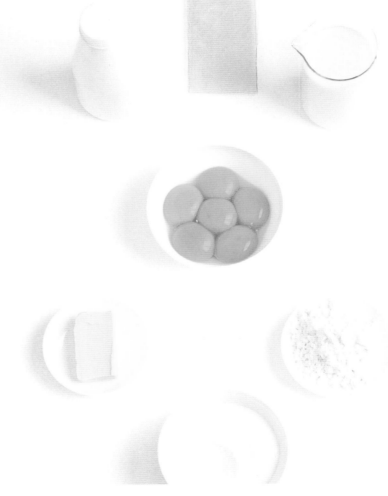

1千克蜜饯布丁奶油

1. 卡仕达酱

牛奶·····················500克
蛋黄·····················100克
糖·······················120克
玉米粉····················50克
黄油·····················50克
明胶······················8克

2. 打发奶油

液体奶油（30%脂肪含量）
·······················200克

1. 泡发明胶。（270页）
2. 做香草味卡仕达酱（52页）。加热结束时，加入沥干的明胶和黄油。冷却。

3. 像做尚蒂伊奶油（62页）一样，打发液态奶油。打发冷却的卡仕达酱，一边搅打，一边加入1/3的液态奶油。搅打均匀后，再一边用橡皮刮刀搅打，一边加入剩下的液体奶油。做好后，立即使用为佳。

巴伐利亚奶油

要点解析

初识巴伐利亚奶油

在英式奶油中，加入打发奶油，形成一种质地更加细腻的奶油。

用时

准备时间：15分钟。
松醒时间：30分钟。

特殊工具

温度计。

明胶的作用是什么？

英式奶油处于温热状态时，加入明胶，目的是使其迅速融化。一旦加入打发的奶油，混合物的温度将会迅速下降，冷却后，明胶成分会使奶油凝固，质地稳定。

难点

加热英式奶油。
加入奶油。

手法

泡发明胶。（270页）
先用搅拌器搅拌，再用橡皮刮刀搅拌。（270页）

学做巴伐利亚奶油

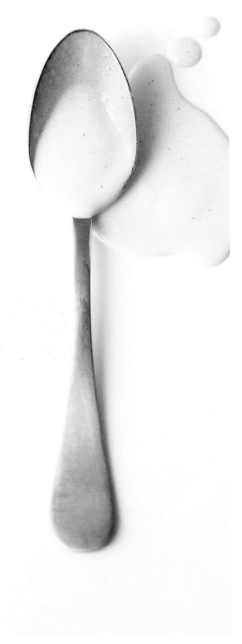

1千克巴伐利亚奶油

1. 英式奶油

牛奶·····························250克
液体奶油（30％脂肪含量）
································250克
蛋黄·····························100克
糖·······························80克
香草荚·····························1个

2. 打发奶油

液体奶油（30％脂肪含量）
································400克
明胶·······························8克

1. 泡发明胶（270页）。做英式奶油（60页）。明胶沥水，放入英式奶油中，并搅打。冷却至常温（30—40℃）。

2. 像做尚蒂伊奶油（62页）一样，打发液态奶油。将1/3打发奶油加入到胶质英式奶油中。

3. 将混合奶油搅打均匀，加入剩下的打发奶油，用橡皮刮刀轻轻搅拌。做好后立即使用，否则，奶油慕斯会出现凝结现象。

奶油甘纳许

要点解析

初识奶油甘纳许

浓稠的液态巧克力加入英式奶油酱，打发制作成奶油甘纳许。

经典用法

甜点配料，马卡龙配料。

其他用法

巧克力糖配料。

用时

准备时间：30分钟。

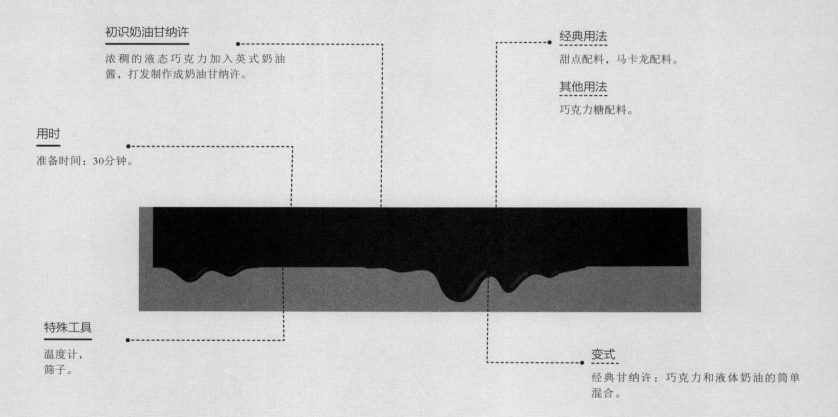

特殊工具

温度计，筛子。

变式

经典甘纳许：巧克力和液体奶油的简单混合。

是什么赋予了甘纳许现有的质地？

英式奶油和巧克力混合物冷却的时候，可可黄油结晶，奶油混合物凝固，由此产生了甘纳许现有的质地。甘纳许的质地取决于巧克力的含量：如果巧克力过量，甘纳许就会硬到无法切开。

为什么甘纳许有奶油的质地？

奶油甘纳许之所以有奶油的质地，是因为加入了英式奶油，从而增加了甘纳许的流度。

难点

英式奶油加热。

手法

过筛。（270页）

打发蛋黄。（279页）

技巧

在某些用法中，可以适量多加巧克力，让甘纳许变得更结实。

学做奶油甘纳许

900克奶油甘纳许

牛奶	500克
蛋黄	100克
糖	100克
黑巧克力	250克

1. 蛋黄加糖，打发（279页）。
2. 煮沸牛奶。沸腾后，将一半牛奶倒入打发的蛋黄中。搅拌，然后把混合物倒回平底锅。
3. 中火加热，并用抹刀不断搅拌。直至奶油可以包裹在抹刀上为止。（83—85℃）
4. 奶油混合物一边过筛（270页），一边倒入巧克力中。混合搅拌。冷却保存至使用前。

柠檬奶油

要点解析

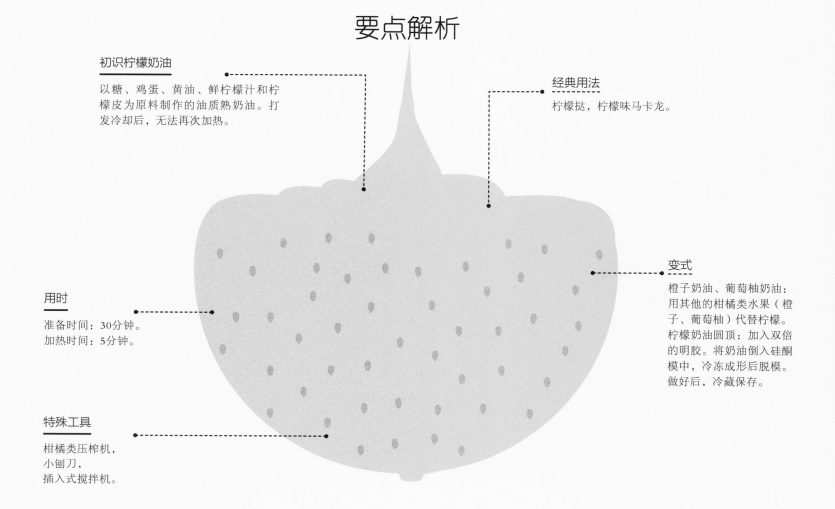

初识柠檬奶油

以糖、鸡蛋、黄油、鲜柠檬汁和柠檬皮为原料制作的油质熟奶油。打发冷却后，无法再次加热。

经典用法

柠檬挞，柠檬味马卡龙。

用时

准备时间：30分钟。
加热时间：5分钟。

特殊工具

柑橘类压榨机，
小刨刀，
插入式搅拌机。

变式

橙子奶油、葡萄柚奶油：用其他的柑橘类水果（橙子、葡萄柚）代替柠檬。
柠檬奶油圆顶：加入双倍的明胶。将奶油倒入硅酮模中，冷冻成形后脱模。做好后，冷藏保存。

榨汁前，为什么要揉软柠檬？

揉软柠檬，其实就是把包裹柠檬汁液的果汁囊揉碎，更便于榨汁。

是什么赋予了混合物浓稠、奶油般的质地？

鸡蛋乳状的质地赋予了混合物滑腻的质感。同时，鸡蛋还可以起到稳定黄油脂肪的作用。在加热的过程中，鸡蛋中的蛋白凝固，带给奶油适当的黏性。

难点

加热。
加入黄油。

手法

去皮。（281页）
泡发明胶。（270页）

学做柠檬奶油

550克柠檬奶油

奶油	550克
黄柠檬汁（7个）	140克
糖	160克
鸡蛋（4个）	200克
明胶	2克
黄油	80克

1. 冷水泡发明胶。柠檬去皮。
2. 按压揉软柠檬，以便榨汁用。用榨汁机榨140克柠檬汁。
3. 将鸡蛋打入宽口容器，轻轻搅打。
4. 柠檬片、柠檬汁和糖加入平底锅中。一边搅打使糖溶化，一边加热。

5. 煮沸后，把平底锅端离炉灶。将柠檬汁倒入鸡蛋中，注意，一定要用力搅打，防止柠檬汁直接烫熟鸡蛋。
6. 将柠檬汁和鸡蛋的混合物重新倒回平底锅，加热。第一次沸腾后，端下平底锅。加入黄油和明胶，搅打2—3分钟。

黑亮糖霜

要点解析

初识黑亮糖霜

以可可为原料，明亮、细腻的糖霜，常被盖在甜点和蛋糕上面。

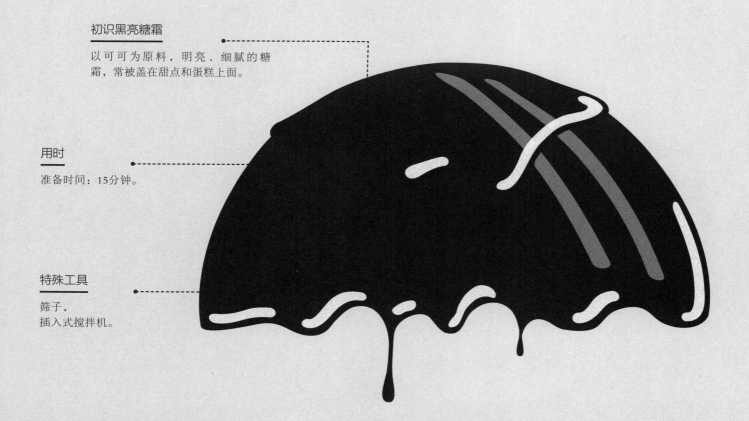

用时

准备时间：15分钟。

特殊工具

筛子，
插入式搅拌机。

如何让糖霜接触到蛋糕时凝固？

冷却时，糖霜中的明胶凝固。冷却至10℃时，糖霜彻底凝固。

为什么糖霜需要过筛？

过筛可以保证糖霜质地更细腻，因而具有更高的亮泽度。

经典用法

甜点的最后一道工序。

难点

搅拌。

手法

过筛。（270页）

步骤与保存

如果需要延期使用糖霜，可以用隔水炖锅重新加热。

冷藏保存1周。冷冻保存3个月。

学做黑亮糖霜

500克黑亮糖霜

水·······························120克
奶油··························100克
糖·······························220克
苦可可··························80克
明胶······························8克

1. 泡发明胶（270页）。水、奶油和糖放入平底锅煮沸。搅拌。

2. 将平底锅端离炉灶，加入明胶和苦可可。搅打。

3. 搅打均匀，避免原材料结块出现可可粉泡，过筛（270页）。冷却至温热使用。

白巧克力糖霜

要点解析

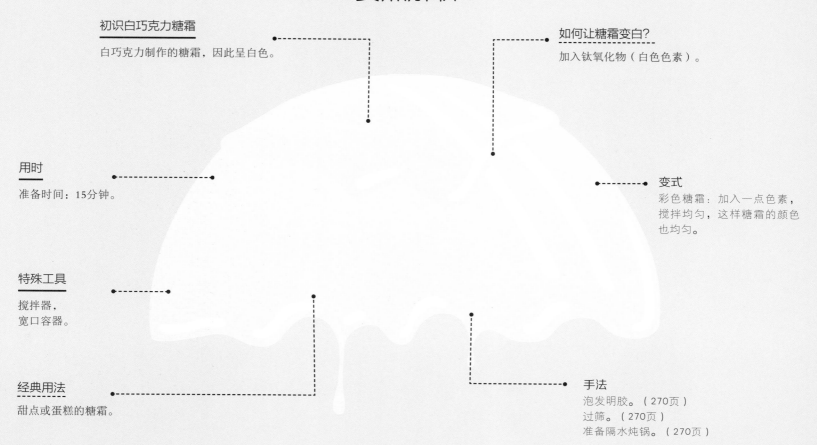

初识白巧克力糖霜

白巧克力制作的糖霜，因此呈白色。

如何让糖霜变白?

加入钛氧化物（白色色素）。

用时

准备时间：15分钟。

变式

彩色糖霜：加入一点色素，搅拌均匀，这样糖霜的颜色也均匀。

特殊工具

搅拌器，
宽口容器。

经典用法

甜点或蛋糕的糖霜。

手法

泡发明胶。（270页）
过筛。（270页）
准备隔水炖锅。（270页）

250克白巧克力糖霜

牛奶	60克
葡萄糖浆	25克
明胶	3克
白巧克力	50克
水	15克
钛氧化物（白色色素）	4克

1. 泡发明胶（270页）。用隔水炖锅溶化巧克力。
2. 将牛奶、水、葡萄糖混合加热。沸腾后，停止加热，加入沥水明胶。搅打。
3. 把牛奶和葡萄糖的混合物倒入白巧克力中。搅拌均匀。加入钛氧化物。将宽口容器从隔水炖锅中端出来，继续搅拌几分钟。过筛（270页）。冷藏保存或立即使用。

牛奶巧克力糖霜

要点解析

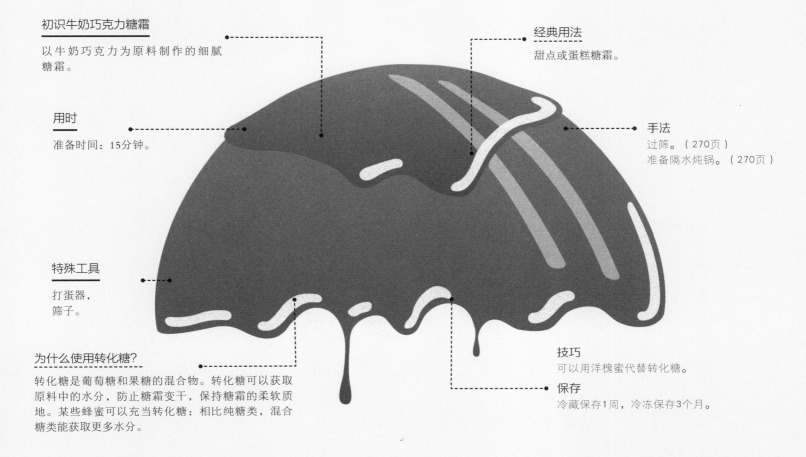

初识牛奶巧克力糖霜

以牛奶巧克力为原料制作的细腻糖霜。

用时

准备时间：15分钟。

特殊工具

打蛋器，
筛子。

为什么使用转化糖？

转化糖是葡萄糖和果糖的混合物。转化糖可以获取原料中的水分，防止糖霜变干，保持糖霜的柔软质地。某些蜂蜜可以充当转化糖：相比纯糖类，混合糖类能获取更多水分。

经典用法

甜点或蛋糕糖霜。

手法

过筛。（270页）
准备隔水炖锅。（270页）

技巧

可以用洋槐蜜代替转化糖。

保存

冷藏保存1周，冷冻保存3个月。

550克牛奶巧克力糖霜

牛奶巧克力	250克
黑巧克力	90克
液态奶油（30%脂肪含量）	225克
转化糖	40克

1. 用隔水炖锅融化黑巧克力和牛奶巧克力。（270页）
2. 用平底锅加热奶油和转化糖，用打蛋器搅拌。
3. 煮沸后，浇在巧克力上，用打蛋器搅拌，过筛。

冰糖

要点解析

初识冰糖

做甜点用的专用材料，可以在甜点材料专卖店买到，以糖、葡萄糖浆和水为原料制作的白色面团状冰糖。

难点

控制温度。如果冰糖太热，做出来的糖霜则没有光泽。

经典用法

圆形泡芙糖霜和千层酥糖霜。

技巧

每500克冰糖加入30克葡萄糖，可以简化制作过程：加入了葡萄糖，即使冰糖过热，糖霜也依然有光泽。

特殊工具

温度计。

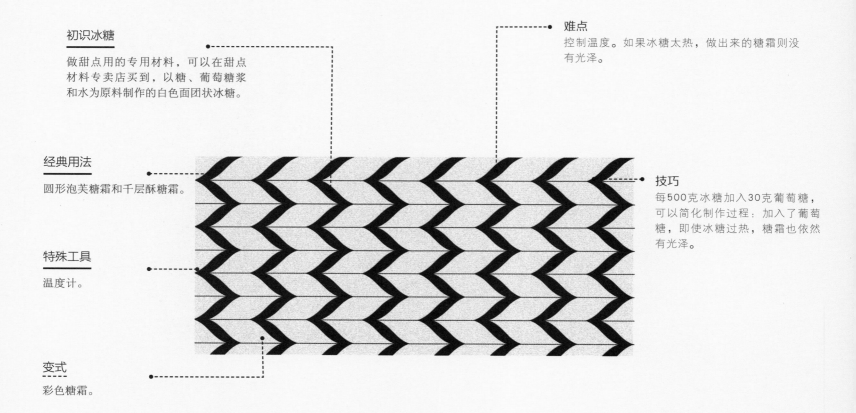

变式

彩色糖霜。

准备

将冰糖放入平底锅中（可以加入葡萄糖）。小火加热，搅拌，至32—34℃。如果需要上色，加热之前加入适量色素即可。

给圆形泡芙裹糖霜

浸泡：将泡芙上面浸泡在冰糖中，沥干糖水，最后用手指抹匀各处。

冰糖壳：将冰糖倒入半球形树脂模具中，把泡芙放在冰糖上，并轻轻朝模具中按压。冷藏30分钟，脱模。

给手指饼干裹糖霜

借助抹刀，慢慢倒出冰糖。当冰糖像丝带一般均匀流出时，就可以把冰糖浇在手指饼干上了。

用裱花嘴：将冰糖倒入裱花袋中。用平口或波浪形裱花嘴均可。

给千层酥裹糖霜

如果千层酥面皮没有裹上焦糖，可以刷一层调味层。用隔水炖锅融化40克黑巧克力，并装入裱花袋，在裱花袋上刺口。用抹刀将冰糖刷在千层面皮上。把刀当作参照物，先画冰糖的平行巧克力线，再画垂直线。

皇家糖霜

要点解析

初识皇家糖霜

白色糖霜，质地细腻有光泽，原材料为蛋白、糖霜和柠檬汁。

用时

准备时间：15分钟。

特殊工具

筛子，
打蛋机。

糖霜如何变硬？

糖霜是糖和淀粉的混合物。将所有原材料混合在一起后，淀粉吸收了水分，糖分中自由水分变少。一旦糖分结晶，糖霜就会变硬。

经典用法

蛋糕或甜点精加工，锥形装饰物。
（273页）

变式

彩色皇家糖霜：一点点加入色素粉。
（281页）

难点

糖霜过筛，防止在制作糖霜的过程中结粒。
原材料不宜吸收过度空气，以防糖霜结痂。

340克皇家糖霜

糖霜·······························300克
蛋白·······························30克
柠檬汁·····························10克

1. 糖霜过筛。
2. 打蛋机开至最大挡，打发蛋白。打发过程中，逐渐加入糖霜，直至搅拌均匀。
3. 加入柠檬汁。裹上保鲜膜，防止空气接触。

技巧

糖霜的结实程度可以根据用法不同而定。糖霜含量递增，则糖霜质地由软（用于锥形装饰物、甜点表面装饰物）变硬（裱花用）。

保存

裹上保鲜膜，防止与空气接触，冷藏保存1周，冷冻保存3个月。

杏仁粉糖衣

要点解析

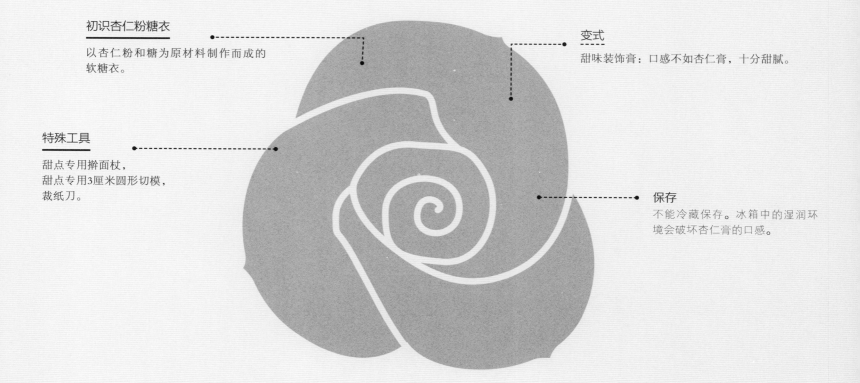

初识杏仁粉糖衣

以杏仁粉和糖为原材料制作而成的
软糖衣。

变式

甜味装饰膏：口感不如杏仁膏，十分甜腻。

特殊工具

甜点专用擀面杖，
甜点专用3厘米圆形切模，
裁纸刀。

保存

不能冷藏保存。冰箱中的湿润环
境会破坏杏仁膏的口感。

杏仁粉糖衣上色

杏仁粉糖衣中逐渐加入色素粉，搅拌至色泽均
匀。色素含量根据杏仁糖衣的重量而定。

摊平杏仁粉糖衣

可以选用马铃薯淀粉代替糖霜，防止杏仁粉
糖衣粘到工作台上。在工作台上撒一层淀粉
（284页），然后用擀面杖摊平杏仁粉糖衣。

装盖甜点

将杏仁粉糖衣擀至2毫米厚。
擀平后，卷到擀面杖上，然后轻轻地放到甜
点上。展开糖衣，注意不要按压。用手抚平
顶部和周围的褶皱，慢慢让周边的糖衣自然
垂下。另一只手托起甜点，防止糖衣堆积。
最后，用湿润的刷子刷走多余的淀粉。用裁
纸刀切掉多余的糖衣。

学做杏仁粉糖衣

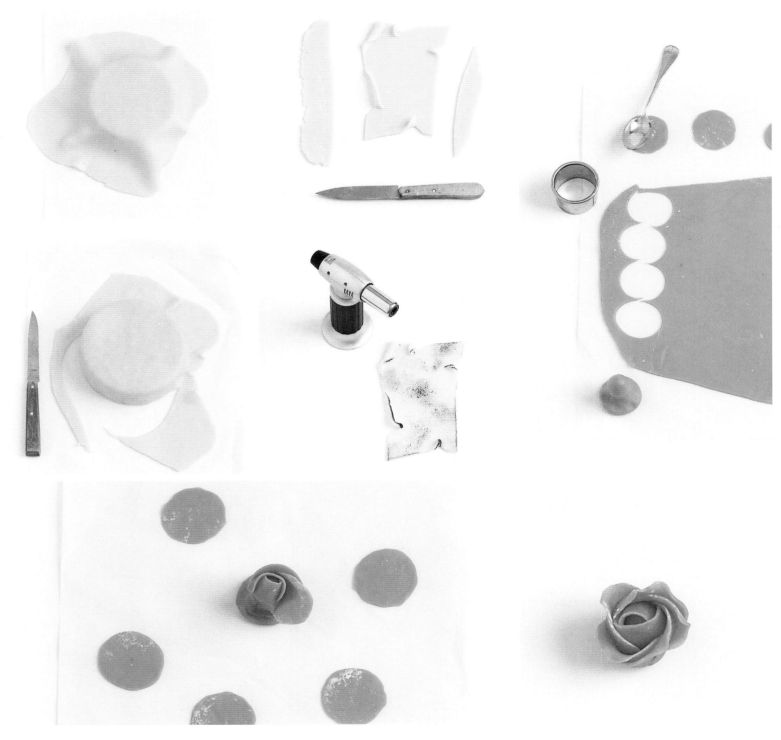

做杏仁粉糖衣薄片

将杏仁粉糖衣擀至2毫米厚，切成一个12厘米×8厘米的长方形薄片。薄片周边划3—4个1厘米长的切口。卷起切口角和长方形薄片角。喷枪上色。（275页）

做一朵玫瑰花

将杏仁粉糖衣擀至2毫米厚。用直径为3厘米的甜点专用圆形切模，抠出7张圆形薄饼。用勺子压薄圆饼。利用剩下的糖衣，制作花蕾。先团一个糖衣球，在球上捏出一个花蕾尖。保留花蕾尖部分的半个糖衣球，揪下多余部分，注意不要用刀切，这样花蕾半球可以牢固地立在工作台上，方便装饰玫瑰花瓣。先用两个花瓣完全包裹住花蕾。按压花瓣底部，使其紧紧粘住花蕾部分。交错放置剩下的花瓣，然后用同样的方式按压。用裁纸刀切除花朵底部多余的部分。

装饰糖

要点解析

初识装饰糖

用经典焦糖（和水）制作而成的硬糖装饰物。
引入干焦糖，可以作为焦糖香料。

保存

做好后立即使用，焦糖易受潮。

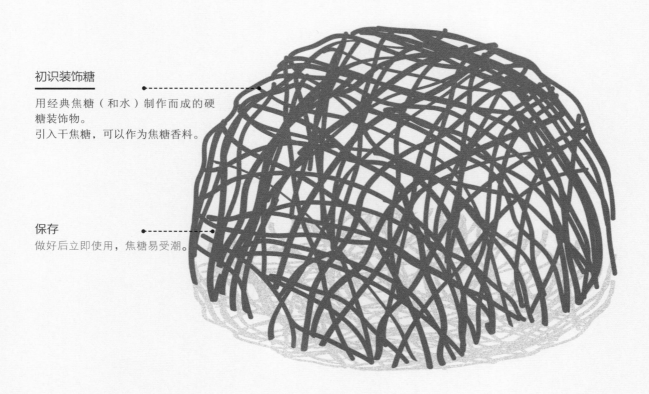

焦糖笼

1. 用浸过油的吸油纸轻擦大汤匙外部，即给大汤匙抹油。
2. 做经典焦糖（48页）。焦糖质地变浓稠时，借助汤匙让焦糖慢慢呈流线形流出。快速在大汤匙上面画线，直至取得理想造型为止。
3. 静置几分钟后，轻轻转动焦糖笼，然后从大汤匙上取下。

焦糖瓦片

1. 做经典焦糖（48页）。
2. 借助汤匙让焦糖慢慢呈丝状流出。在烘焙纸上反复画线，以取得瓦片效果。最后静置，使其完全变硬。

吐丝榛子

1. 做经典焦糖（48页）。将榛子插在牙签上。
2. 焦糖质地变浓稠时，把榛子浸入焦糖中。
3. 将裹好糖的榛子插在泡沫板上晾干。最后取下牙签。

巧克力装饰

要点解析

初识巧克力装饰

可可脂板经过调温制作而成的巧克力装饰品，质地平滑有光泽。

特殊工具

温度计，
传统冷却面：大理石，
可选冷却面：烤盘背面，硅胶垫，
吉他片（用烘焙纸做冷却面，会减弱巧克力的光泽度），
抹刀，
刀子，
尺子。

保存

做好巧克力装饰物，宜立即使用，或者储存在除湿隔热的盒子中。请勿冷藏储存，以防受潮。

巧克力光泽暗淡，是否意味着品质不好？

不是。巧克力光泽暗淡意味着没有进行适当的调温，不代表其品质不好。但是这样的巧克力容易在手中融化，储存后易变白。

使用微波炉会破坏巧克力的品质吗？

巧克力融化时，不用微波炉过度加热，就不会破坏巧克力的品质。

巧克力调温

经过调温的巧克力变得易溶于口，色泽光亮，口感清脆。放在手里也不会立即融化。没有经过调温的巧克力，冷却后表面易泛白，出现粗糙的小颗粒；即使倒入模具中，也不易脱模。
调温的过程可以表现为一条精确的温度曲线（加热、冷却、加热），调温后，巧克力结构变稳定。
工作台上覆盖上一层湿润的保鲜膜。将巧克力放入宽口容器中。

黑巧克力

隔水炖锅融化巧克力至50—55℃。准备一个宽口容器，其容积大于黑巧克力的体积，冷水和挞式圆形慕斯模具放在底部保持稳定性。先将盛有热巧克力的宽口容器放到装有冷水的隔水炖锅中：冷水水位与容器中的巧克力齐平。通过这种方式让巧克力的温度降至27—28℃，一边降温，一边用橡皮刮刀搅拌。再将巧克力放在装有热水的隔水炖锅中，每次静置10秒钟，直至巧克力温度上升至31℃，注意温度不宜超过32℃。做好后立即使用。为了保持理想温度，可以将巧克力放在隔水炖锅中保温，并时时检测温度。

牛奶巧克力

隔水加热到45—50℃，融化。降温到26—27℃再回温到29—30℃。

白巧克力

隔水加热到40—50℃，融化。降温到25—26℃再回温到28—29℃。

学做巧克力装饰

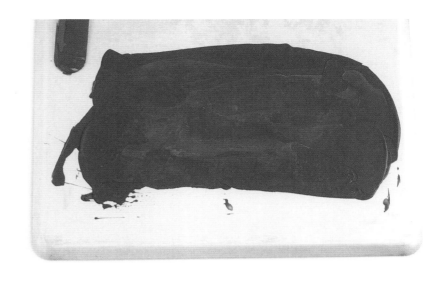

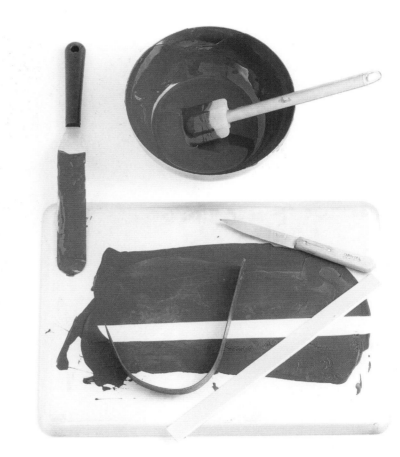

巧克力刨花

巧克力调温。在烤盘背面，用抹刀薄薄地抹一层巧克力。待巧克力凝固后（约30分钟），开始刮擦烤盘背面的巧克力，最好是用比目鱼刀的刀尖或者小尖刀制作刨花。如果要制作巧克力卷，就用长方形抹刀。

巧克力水滴

巧克力调温。用汤匙舀出巧克力，把一半巧克力滴在吉他纸或者烘焙纸上。接着用汤匙背按压并拉出线条，形成水滴状。

巧克力板

巧克力调温后，倒在吉他纸上，用抹刀抹成2毫米厚的巧克力薄片。待巧克力质地变浓稠但还没有变硬时，是切割的最佳时机。用裁纸刀切出需要的形状。盖上一层烘焙纸，放入烤盘，让巧克力自然凝固。最后，揭下烘焙纸，立即使用，否则巧克力会迅速融化。

蛋糕围边

烤盘冷冻30分钟。巧克力隔水加热至40℃。取出冰柜中的烤盘，在上面用抹刀薄薄地抹一层巧克力。标上尺子，用裁纸刀切出需要的巧克力条。借助裁纸刀，轻轻取出巧克力条，立即围到需要装饰的甜点上。

夹心巧克力酱

要点解析

初识夹心巧克力酱

用黑巧克力、可可制作的甜点配料，趁热使用。

经典用法

夹心巧克力酥球配料，甜点调味酱。

手法

过筛。（270页）

用时

准备时间：20分钟。
加热时间：5分钟。

特殊工具

筛子，
打蛋器。

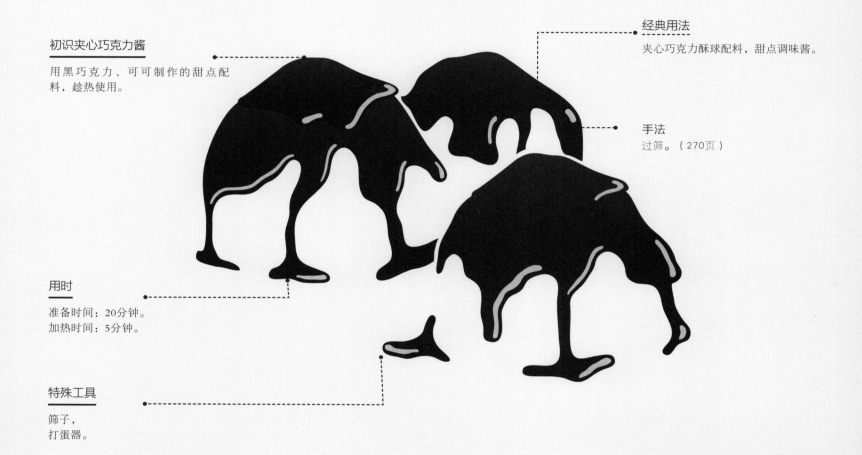

350克夹心巧克力酱

水·······························150克
糖·······························50克
苦可可···························15克
黑巧克力·························130克

用平底锅煮沸糖水，加入苦可可，搅打。然
后再加入黑巧克力，加热2分钟，并用抹刀搅
拌。过筛，趁热使用。

牛奶巧克力酱

要点解析

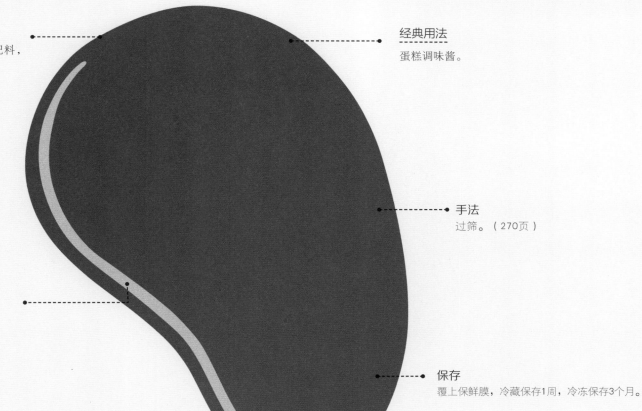

初识牛奶巧克力酱
用牛奶巧克力制作的甜点配料，
趁热使用。

用时
准备时间：20分钟。
加热时间：5分钟。

特殊工具
筛子，
打蛋器。

经典用法
蛋糕调味酱。

手法
过筛。（270页）

保存
覆上保鲜膜，冷藏保存1周，冷冻保存3个月。

330克牛奶巧克力酱

牛奶·····························150克
葡萄糖·····························30克
牛奶巧克力·····························150克

平底锅煮沸牛奶和葡萄糖的混合物。加入牛奶
巧克力，继续加热2分钟，搅拌至牛奶巧克力
完全融化。过筛，趁热使用。

覆盆子果酱

要点解析

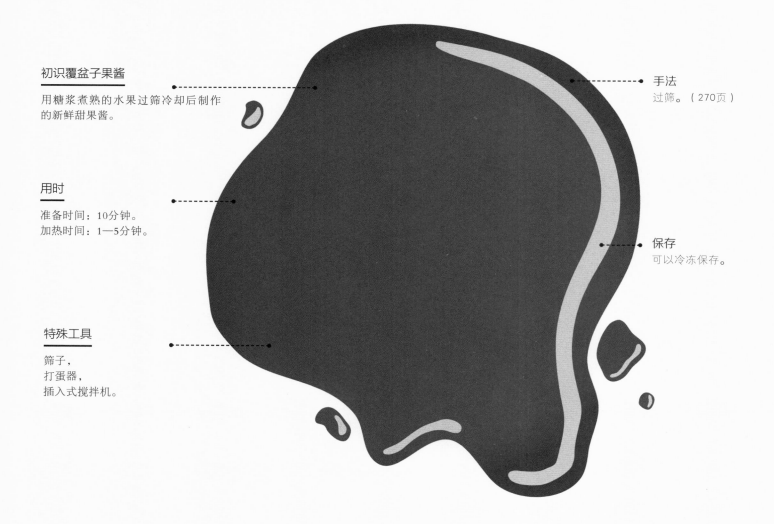

初识覆盆子果酱

用糖浆煮熟的水果过筛冷却后制作的新鲜甜果酱。

用时

准备时间：10分钟。
加热时间：1—5分钟。

特殊工具

筛子，
打蛋器，
插入式搅拌机。

手法

过筛。（270页）

保存

可以冷冻保存。

700克覆盆子果酱

覆盆子·······················750克
糖·························120克
水·························100克

1. 平底锅煮沸糖水，加入覆盆子，继续加热1分钟，并搅拌。
2. 用插入式搅拌机搅打煮好的覆盆子，然后过筛。

焦糖酱

要点解析

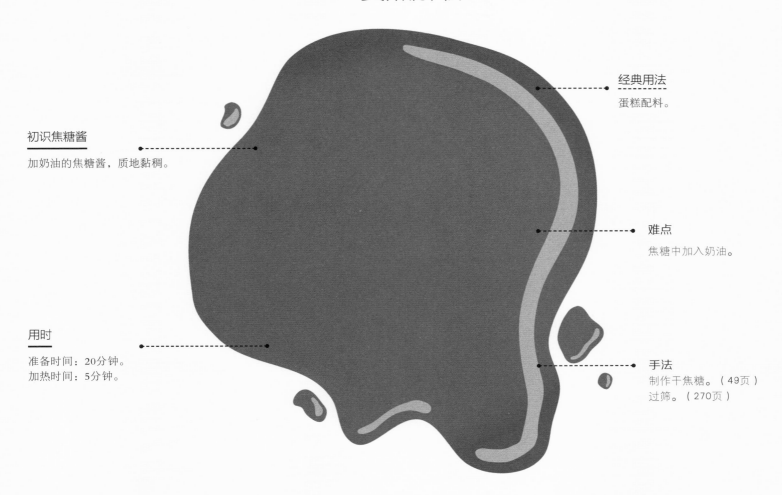

经典用法
蛋糕配料。

初识焦糖酱
加奶油的焦糖酱，质地黏稠。

难点
焦糖中加入奶油。

用时
准备时间：20分钟。
加热时间：5分钟。

手法
制作干焦糖。（49页）
过筛。（270页）

为什么要使用干焦糖？

比起湿焦糖，干焦糖香味更浓郁，更适合做焦
糖酱。

170克焦糖酱

糖·····························100克
液态奶油（30％脂肪含量）···100克
盐之花·························2克

1. 制作干焦糖（49页）。焦糖颜色变深时，
   将平底锅端离炉灶，一边缓缓加入液态奶
   油，一边搅拌。注意加入液态奶油时速度
   要慢，防止喷溅。
2. 加入盐之花，煮沸后加热30秒。过筛
   （270页）。

甜点

黑森林

要点解析

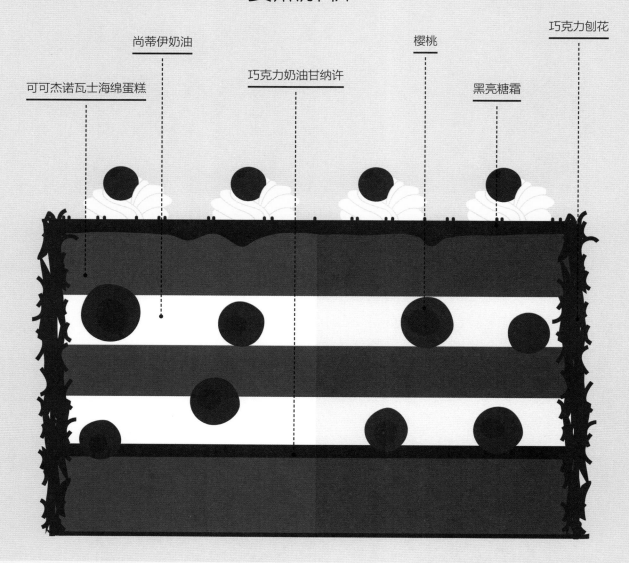

尚蒂伊奶油

巧克力刨花

可可杰诺瓦士海绵蛋糕

巧克力奶油甘纳许

樱桃

黑亮糖霜

初识黑森林

用可可杰诺瓦士海绵蛋糕、甘纳许、尚蒂伊奶油、樱桃以及杏仁酒制作的蛋糕。

用时

准备时间：2小时。
烘焙时间：15—25分钟。
冷藏时间：30分钟。
冷冻时间：40分钟。

特殊工具

大锯齿刀，
直径24厘米、高5厘米的圆形慕斯模具。
（柔软的塑料条，防止脱模时甜点粘在圆形慕斯模具上）。

变式

制作传统的黑森林蛋糕，为让蛋糕看起来更精致，可以在蛋糕表面抹一层尚蒂伊奶油，撒一层巧克力刨花（274页）。

难点

杰诺瓦士海绵蛋糕适度烘焙。
糖霜。

手法

刷巧克力酱。（280页）
用醇化糖浆浸透。（278页）
裱花。（272页）
撒刨花。（274页）

步骤

糖浆—可可杰诺瓦士海绵蛋糕—甘纳许—尚蒂伊奶油—组装—糖霜—刨花。

准备

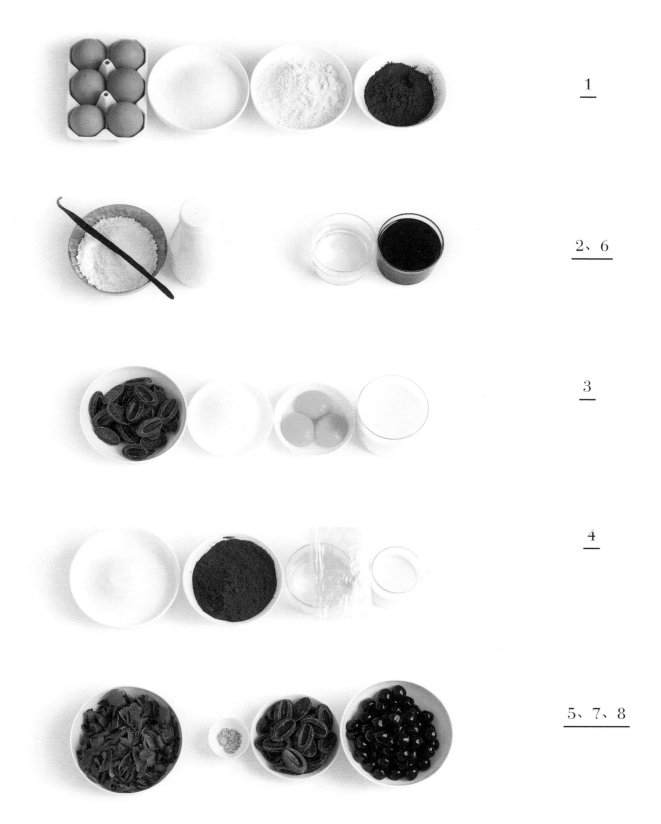

				1
				2、6
				3
				4
				5、7、8

10人份黑森林

1. 可可杰诺瓦士海绵蛋糕

鸡蛋（6个）·····················100克
糖·····························190克
面粉···························140克
可可····························45克

2. 尚蒂伊奶油

液态奶油（30%脂肪含量）···400克
糖霜····························60克

香草荚···························1个

3. 奶油甘纳许

水·····························250克
蛋黄····························50克
糖·····························50克
黑巧克力·······················125克

4. 黑亮糖霜

水·····························120克
奶油···························100克

糖·····························220克
苦可可···························80克
明胶·····························8克

5. 镶嵌层

糖浆酸樱桃······················125克
樱桃杏仁酒·····················125克

6. 樱桃潘趣

盒装樱桃中的糖浆················200克
糖·····························80克

水·····························80克

7. 刷巧克力酱

甜点专用巧克力···················30克

8. 装饰

金粉，巧克力刨花（274页）。
做黑森林蛋糕。

95

学做黑森林

1. 做樱桃潘趣，樱桃罐头加糖，煮沸。然后停止加热，静置冷却。保留10颗樱桃作为装饰。制作杰诺瓦士海绵蛋糕（33页），冷却。圆形慕斯模具底下垫上烘焙纸，内壁附上一层塑料防粘纸。

2. 用锯齿刀将杰诺瓦士海绵蛋糕横切成3片。第一片杰诺瓦士海绵蛋糕上，刷一层巧克力（280页），并把它放在圆形慕斯模具中，巧克力面贴着烘焙纸。

3. 用糖浆浸透海绵蛋糕。

4. 制作奶油甘纳许（72页）。用橡皮刮刀在蛋糕上摊平250克甘纳许，取一半樱桃，均匀地装饰在蛋糕表面，并轻轻按压。冷却30分钟。

5. 裱花袋（272页）中装上200克尚蒂伊奶油（63页），均匀地将奶油挤在蛋糕上。盖上第二片杰诺瓦士海绵蛋糕，并用糖浆浸透。用裱花袋将剩下的尚蒂伊奶油均匀地挤在蛋糕上，并装饰上另一半樱桃。

6. 盖上最后一层杰诺瓦士海绵蛋糕，用糖浆浸透。留出100克甘纳许，用抹刀（274页）将剩余的甘纳许均匀地抹在蛋糕表面，冷冻保存30分钟。

7. 制作黑亮糖霜（76页），静置变温热。从圆形慕斯模具中取出黑森林，取下塑料条。用抹刀将之前保存的100克甘纳许均匀地抹在蛋糕外围。冷冻30分钟。蛋糕底下垫上烤盘，然后放在架子上。一边浇上黑亮糖霜，一边用抹刀抹平，使蛋糕表面形成一层薄薄的糖霜。冷冻保存10分钟。

8. 取下多余的糖霜，用隔水炖锅或微波炉重新加热融化后，装在裱花袋里。取出蛋糕，扎破裱花袋，在蛋糕表面画一些糖霜横条。用巧克力刨花（274页）装饰蛋糕四周，放上几颗樱桃，最后，吹一层金粉作为点缀。

草莓蛋糕

要点解析

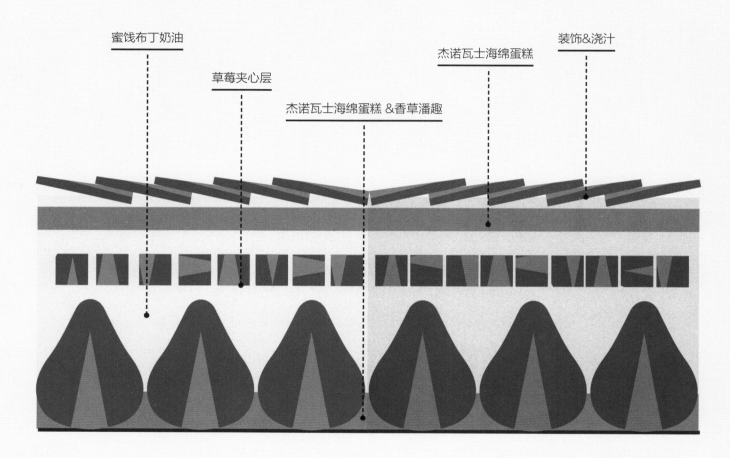

蜜饯布丁奶油

草莓夹心层

杰诺瓦士海绵蛋糕 &香草潘趣

杰诺瓦士海绵蛋糕

装饰&浇汁

初识草莓蛋糕

用杰诺瓦士海绵蛋糕、蜜饯布丁奶油和鲜草莓
制作的蛋糕。

用时

准备时间：1小时30分钟。
烘焙时间：20—30分钟。
冷藏时间：5小时。

特殊工具

直径24厘米的圆形慕斯模具，
蛋糕围边，
裱花袋，
12号裱花头，
抹刀。

变式

经典草莓蛋糕：慕斯琳奶油，杏仁粉糖衣装饰。

难点

组装。

手法

刷巧克力酱。（280页）
用醇化糖浆浸透。（278页）
用裱花袋。（272页）

步骤

卡仕达酱—杰诺瓦士海绵蛋糕—糖浆—蜜饯布
丁奶油—组装—装饰。

准备

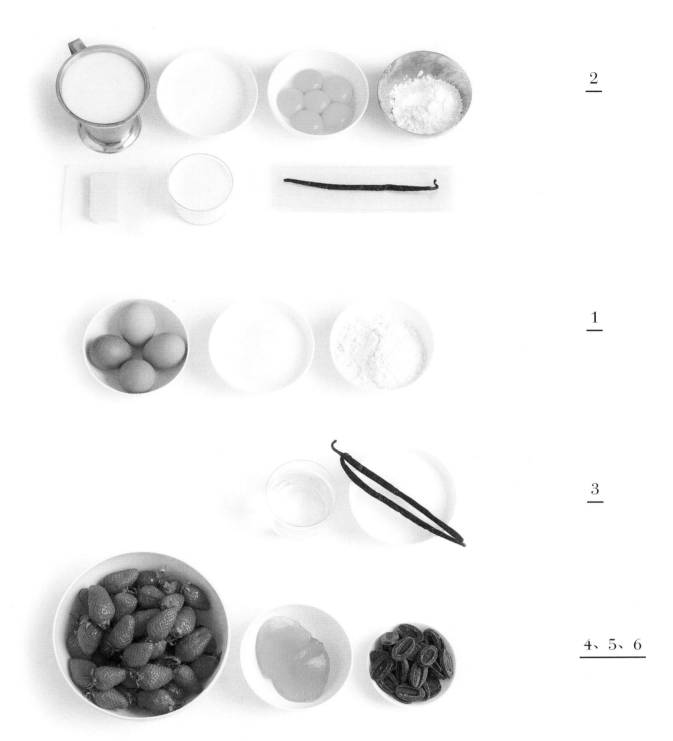

2

1

3

4、5、6

10人份草莓蛋糕

1. 杰诺瓦士海绵蛋糕

鸡蛋（4个）·······················200克
糖·····································125克
面粉·································125克

2. 蜜饯布丁奶油

卡仕达酱
牛奶·································500克
蛋黄·································100克
糖·····································120克
玉米粉·······························50克
香草荚·································1个
打发奶油
液态奶油（30％脂肪含量）···200克
明胶·····································8克

3. 香草潘趣

水·····································320克
糖·····································150克
香草荚·································2个

4. 巧克力酱

巧克力·································30克

5. 镶嵌层

佳丽格特草莓·····················1千克

6. 浇汁

杏子果冻或者浇汁·············100克
水·····································1汤匙

学做草莓蛋糕

1. 制作潘趣糖浆，劈开香草荚，刮下香草籽，放入平底锅中，加水和糖煮沸。停止加热。
2. 制作蜜饯布丁奶油要用到的香草味卡仕达酱（52页），冷却。用直径24厘米的圆形慕斯模具制作杰诺瓦士海绵蛋糕，冷却。制作蜜饯布丁奶油（68页）。准备14个草莓，去梗，竖向劈开，用来装饰草莓蛋糕外圈。
3. 把杰诺瓦士海绵蛋糕横切成两片。融化巧克力，为下一步刷巧克力酱做准备。在第一片杰诺瓦士海绵蛋糕硬皮面刷巧克力酱（280页）。
4. 圆形慕斯模具放在铺有烘焙纸的烤盘上。内圈附一层塑料蛋糕围边。把抹有巧克力酱的蛋糕放在圆形慕斯模具内。巧克力面贴着烘焙纸。裱花袋（12号裱花头）装上蜜饯布丁奶油。在蛋糕和圆形慕斯模具之间的缝隙填一圈奶油。沿着圆形慕斯模具，慢慢推入切好的草莓，草莓心朝外。

5. 糖浆浸透蛋糕（278页）。
6. 用奶油覆盖草莓，并用抹刀抹平。可以沿着圆形慕斯模具轻轻按压。
7. 草莓切丁。用裱花袋在海绵蛋糕上挤一层奶油，并让草莓丁均匀分布其中。轻轻按压。保留3勺奶油做最后装饰用，将剩下的奶油均匀地挤在蛋糕上即可。
8. 糖浆浸透第二片蛋糕，将其盖在第一片蛋糕上，浸透层贴着奶油。然后浸透另一面。用抹刀把剩下的奶油抹在杰诺瓦士海绵蛋糕上。冷却2小时。

装饰

平底锅中，加入一汤匙水、杏子果冻或浇汁，微微加热后，一边浇在草莓蛋糕上，一边用抹刀抹平。取下圆形慕斯模具，保留塑料蛋糕围边。食用前取下蛋糕围边，以防草莓氧化。把剩下的草莓切成薄片，在蛋糕上摆出蔷薇花的图案。最后，用刷子再刷一层浇汁，保护新鲜的草莓。

欧培拉

要点解析

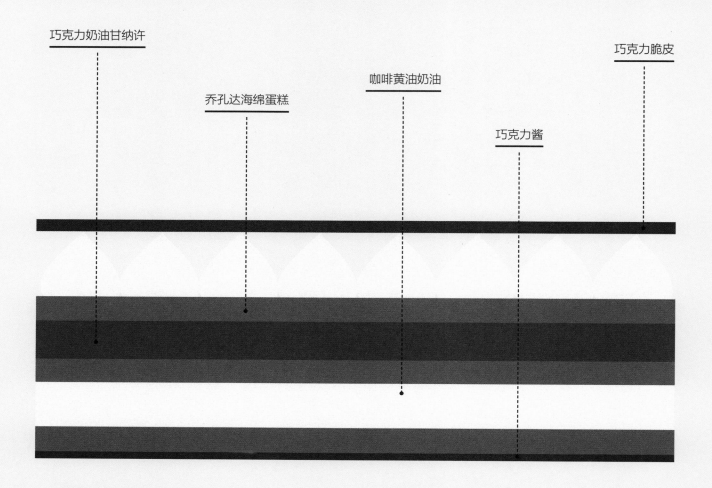

巧克力奶油甘纳许

乔孔达海绵蛋糕

咖啡黄油奶油

巧克力脆皮

巧克力酱

初识欧培拉

乔孔达海绵蛋糕，奶油甘纳许，咖啡黄油奶油，再加一层巧克力脆皮制作而成的甜点。

用时

准备时间：2小时。
烘焙时间：8—15分钟。
冷藏时间：4小时。

特殊工具

24厘米×24厘米的方形慕斯模具，
甜点刀，
裱花嘴（8号）。

难点

打发。
裱花。

手法

刷巧克力酱。（280页）
准备隔水炖锅。（270页）
用裱花嘴。（272页）

步骤

糖浆—乔孔达海绵蛋糕饼—甘纳许—黄油奶油—巧克力脆皮。

变式

香草味欧培拉：在糖浆中放一个刮净的香草荚和20克香草味香精，在黄油奶油中放一个刮净的香草荚。

准备

16份欧培拉

1. 乔孔达海绵蛋糕饼

基础部分

杏仁粉	200克
糖霜	200克
鸡蛋	300克
面粉	30克
香草荚	1个

蛋白霜

蛋白	200克
糖粉	30克

2. 巧克力奶油甘纳许

牛奶	200克
蛋黄	40克
糖	40克
黑巧克力	100克

3. 咖啡黄油奶油

鸡蛋（4个）	200克
水	80克
糖	260克
软黄油	400克
咖啡香精	60克

4. 咖啡潘趣酒

水	320克
糖	150克
咖啡香精	300克

5. 巧克力脆皮

黑巧克力	200克

6. 巧克力酱

甜点专用黑巧克力	30克

学做欧培拉

1. 水加糖，煮沸后停止加热，加入咖啡香精。静置冷却。制作3个乔孔达海绵蛋糕饼（34页）。制作咖啡黄油奶油（54页）。制作奶油甘纳许（72页）。准备一个烤盘，铺上烘焙纸，放上方形慕斯模具。融化巧克力，用来制作巧克力酱。
2. 将第一层乔孔达海绵蛋糕饼，切成方形慕斯模具大小。刷上巧克力酱（280页），并放在方形慕斯模具里。巧克力面紧贴烘焙纸。
3. 刷潘趣酒（278页）；轻轻按压，会挤出糖浆。
4. 用抹刀在蛋糕上抹上450克奶油。

5. 切第二层乔孔达海绵蛋糕饼。将蛋糕饼放在奶油层上，使之充分吸收奶油。用抹刀在第二层蛋糕饼上抹一层奶油甘纳许。
6. 放最后一层切好的乔孔达海绵蛋糕饼，刷上潘趣酒（278页）。放在冰箱冷藏2小时。然后修整蛋糕四周。把剩下的黄油奶油装入裱花袋，在蛋糕上挤出奶油球装饰。
7. 准备隔水炖锅（270克）。用隔水炖锅融化巧克力然后浇在大理石面上。（86页）
8. 制作11厘米×2.5厘米的巧克力脆皮。

最终呈现

用沾过热水的甜点刀将欧培拉蛋糕切份（11厘米×2.5厘米)。每份上面盖一个巧克力脆皮。

摩卡蛋糕

要点解析

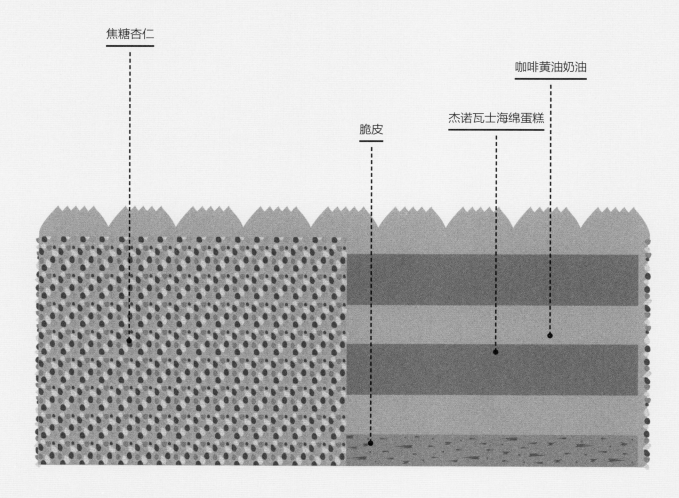

焦糖杏仁

脆皮

咖啡黄油奶油

杰诺瓦士海绵蛋糕

初识摩卡蛋糕

以杰诺瓦士海绵蛋糕、咖啡黄油奶油、脆皮和焦糖杏仁为原料的咖啡味甜点。

用时

准备时间：1小时30分钟。
烘焙时间：35分钟到1小时。
松醒时间：4小时。

特殊工具

2个24厘米的圆形慕斯模具，
裱花袋，
铁质裱花嘴，
蛋糕围边，
锯齿刀。

变式

经典摩卡：用杰诺瓦士海绵蛋糕代替脆皮层。
巧克力摩卡：在制作杰诺瓦士海绵蛋糕时，用30克可可代替咖啡，并在黄油奶油中加入150克融化的巧克力。

难点

制作黄油奶油时的温度控制。
浸湿蛋糕。

手法

制作糖浆。（278页）
烘焙干果。（281页）
准备隔水炖锅。（270页）
刷潘趣酒。（278页）

步骤

杏仁碎—脆皮—杰诺瓦士海绵蛋糕—咖啡黄油奶油—组装。

准备

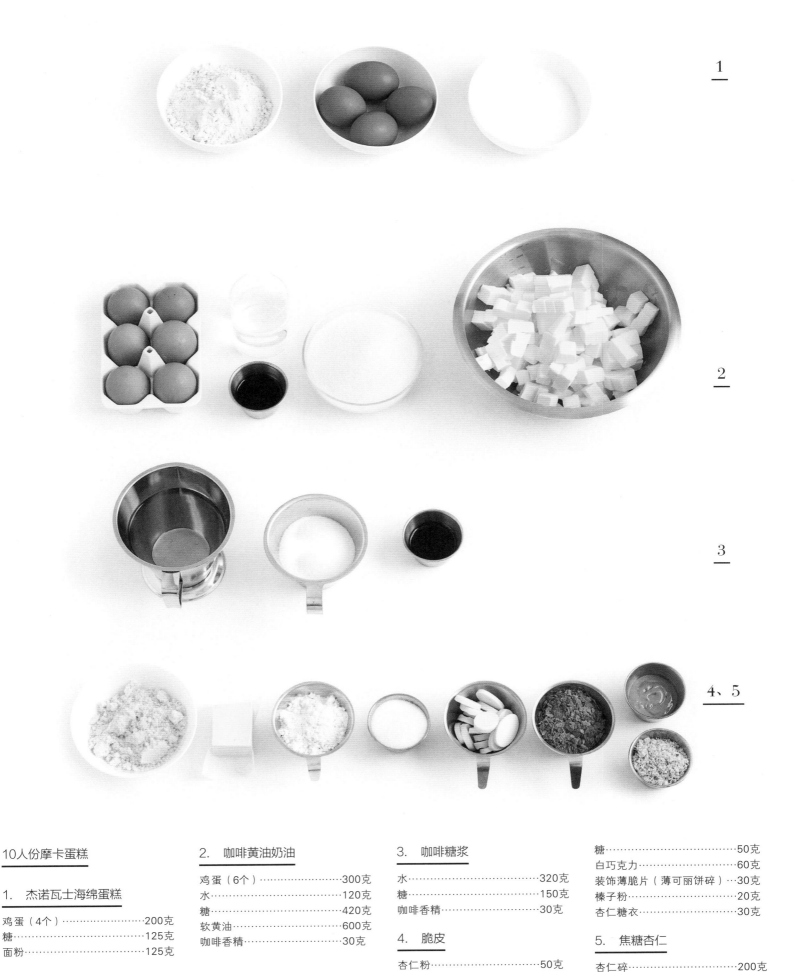

10人份摩卡蛋糕

1. 杰诺瓦士海绵蛋糕

鸡蛋（4个）·······················200克
糖·································125克
面粉·······························125克

2. 咖啡黄油奶油

鸡蛋（6个）·······················300克
水·································120克
糖·································420克
软黄油·····························600克
咖啡香精····························30克

3. 咖啡糖浆

水·································320克
糖·································150克
咖啡香精····························30克

4. 脆皮

杏仁粉·····························50克
黄油·······························50克
面粉·······························50克

糖·································50克
白巧克力····························60克
装饰薄脆片（薄可丽饼碎）···········30克
榛子粉·····························20克
杏仁糖衣····························30克

5. 焦糖杏仁

杏仁碎·····························200克
水·································20克
糖·································20克

学做摩卡蛋糕

1. 制作糖浆。水中加糖煮沸后，停止加热，加入咖啡香精。静置。制作焦糖杏仁，烤箱预热至160℃，平底锅中加糖和水煮沸。停止加热。冷却至温热后，浇在杏仁碎上。放在铺有烘焙纸的烤盘上，烘焙15—25分钟，一边加热，一边搅拌。杏仁烤黄后，从烤箱中取出，冷却。制作脆皮，烤箱预热至160℃。杏仁粉、糖、面粉和黄油和匀。把粉团撒在烘焙纸上，薄薄地撒一层即可。用烤箱加热15—20分钟，加热时，可用抹刀搅拌。脆皮烤成金黄色时即可取出。冷却。

2. 烤箱预热至160℃，加热榛子粉，15分钟（281页）。用隔水炖锅融化白巧克力。将杏仁糖衣、烘烤过的榛子粉、装饰薄脆片和杏仁碎混合在一起。用抹刀搅拌。

3. 烤盘上铺一层烘焙纸。直径24厘米的圆形慕斯模具内圈附一层蛋糕围边。把热脆皮糊倒入圆形慕斯模具内，用抹刀抹平。然后冷却。

4. 用直径24厘米的圆形慕斯模具制作杰诺瓦士海绵蛋糕（32页）。制作黄油奶油，最后加入咖啡香精（54页）。用锯齿刀切掉杰诺瓦士海绵蛋糕表面一层，使之变平整。这样，杰诺瓦士海绵蛋糕更容易吸收其他液体。将杰诺瓦士海绵蛋糕切成两层。

5. 脆皮层上用抹刀均匀地抹400克咖啡黄油奶油。盖上第一层杰诺瓦士海绵蛋糕，用毛刷刷一层潘趣酒（278页）。重复这一步骤，再抹400克咖啡黄油奶油，盖上第二层杰诺瓦士海绵蛋糕，刷一层潘趣酒。

6. 把剩下的黄油奶油一半装入裱花袋，一半用抹刀抹在蛋糕表面；刮平表面，去掉圆形慕斯模具和蛋糕围边。然后再把蛋糕的四周抹上奶油（274页）。用裱花袋在蛋糕上画上波浪状的装饰奶油（272页）。

7. 参照撒巧克力刨花的方式，在蛋糕四周撒上焦糖杏仁。

摩卡蛋糕

三味巧克力

要点解析

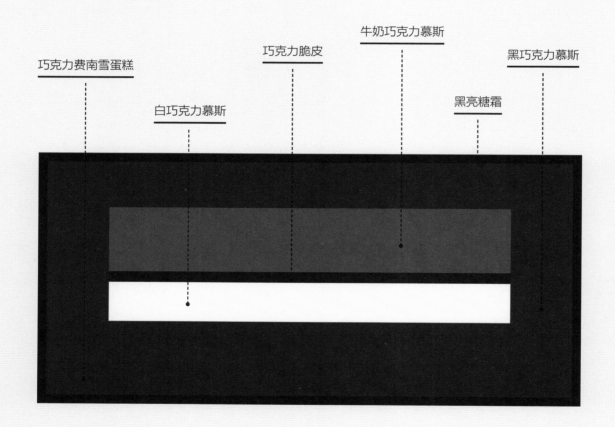

巧克力费南雪蛋糕

白巧克力慕斯

巧克力脆皮

牛奶巧克力慕斯

黑亮糖霜

黑巧克力慕斯

初识三味巧克力

以巧克力费南雪蛋糕和3种巧克力慕斯（黑巧克力、牛奶巧克力、白巧克力）为原料制作的甜点，中间还有巧克力脆皮夹层。

用时

准备时间：2小时。
烘焙时间：15分钟。
冷藏时间：至少6小时。

特殊工具

长方形方形慕斯模具12厘米×24厘米，
蛋糕模8厘米×22厘米，
网架，
抹刀。

难点

制作英式奶油。
适度冷藏巧克力夹心，方便下一步制作。
制作巧克力脆皮。

手法

准备隔水炖锅。（270页）
泡发明胶。（270页）
制作巧克力脆皮。（87页）

步骤

巧克力夹心（牛奶巧克力慕斯，白巧克力和巧克力片）—蛋糕饼—黑巧克力慕斯—糖霜。

8—10份三味巧克力

1. 巧克力费南雪蛋糕

杏仁粉·····················750克
糖霜·······················60克
蛋白······················110克
液态奶油···················30克
玉米粉······················6克
黑巧克力···················30克

2. 巧克力酱

黑巧克力···················30克

3. 英式奶油

液体奶油··················105克
牛奶·····················105克
蛋黄·······················40克
糖·························25克

4. 巧克力慕斯

基础部分

黑巧克力··················175克
牛奶巧克力··················90克
白巧克力···················80克
明胶························1克

打发奶油

奶油（30%脂肪含量）········375克

5. 黑亮糖霜

水······················240克
奶油（30%脂肪含量）········200克
糖·······················440克
苦可可···················160克
明胶·······················16克

6. 巧克力脆皮

黑巧克力··················150克

学做三味巧克力

1. 烤箱预热至180℃。制作费南雪蛋糕，用隔水炖锅融化巧克力。在另一个宽口容器中加入杏仁粉、糖霜和玉米粉。加入蛋白、液态奶油，用抹刀搅拌均匀。混合物搅拌均匀后，加入融化的巧克力，继续搅拌。烤盘上铺一层烘焙纸。将混合物倒入12厘米×24厘米的长方形方形慕斯模具中。烘焙14分钟后，取出冷却，并取下方形慕斯模具。

2. 用隔水炖锅融化制作巧克力酱的黑巧克力。将费南雪蛋糕放在烘焙纸上，取下底层的烘焙纸，刷上巧克力酱。烤盘上铺一层烘焙纸。巧克力酱变硬时，把费南雪蛋糕放在方形慕斯模具中，巧克力面紧贴烘焙纸。

3. 蛋糕模上裹一层保鲜膜。要想制作巧克力夹心，首先要做英式奶油（61页）。用隔水炖锅融化牛奶巧克力。巧克力融化后，加入55克英式奶油。按照制作尚蒂伊奶油的方法，打发英式奶油。先用打蛋器一边搅打一边加入30克奶油，然后用橡皮刮刀一边搅拌，再一边加入45克奶油。当混合物质地均匀时，倒入蛋糕模，冷冻30分钟。

4. 制作巧克力脆皮（87页），尺寸如下：长20厘米，宽7厘米，厚9毫米。制作完成后，同样冷冻30分钟。

5. 泡发明胶（270页）。用隔水炖锅融化白巧克力。明胶沥水后，放入融化的巧克力中，并搅打。用制作牛奶慕斯的方法制作白巧克力慕斯。取出蛋糕模，把巧克力脆皮放在牛奶慕斯上，最后倒入白巧克力慕斯。冷冻2小时，最好是冷冻至第二天。

6. 期间，用制作牛奶慕斯的方法制作黑巧克力慕斯，并加入剩下的奶油。一半奶油用打蛋器一边搅打，一边加入。另一半奶油用橡皮刮刀一边搅打，一边加入。取黑巧克力慕斯的1/3，倒在蛋糕饼上。然后冷冻30分钟。

7. 从冷柜中取出蛋糕饼/黑慕斯、牛奶夹心/白夹心。如果需要，可将夹心切成8厘米×22厘米大小，放在蛋糕饼的黑慕斯上。

8. 剩下的黑巧克力慕斯倒在蛋糕饼上。冷冻2小时。

9. 制作黑亮糖霜（76页），使其冷却至温热。从冰柜中取出甜点，脱模。网架上放一个小烤盘，然后把甜点放在上边，开始浇黑亮糖霜。用抹刀抹平糖霜，使其既均匀又薄透。

焦糖甜点

要点解析

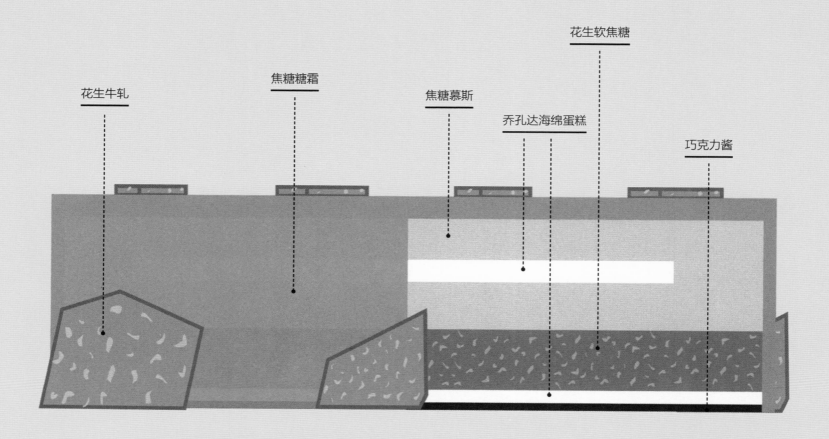

花生软焦糖

花生牛轧　　焦糖糖霜　　焦糖慕斯

乔孔达海绵蛋糕

巧克力酱

初识焦糖甜点

这是一道以乔孔达海绵蛋糕、花生软焦糖和焦糖慕斯为基础原料，用花生牛轧点缀，最后覆盖上焦糖糖霜的甜点。

用时

准备时间：2小时。
烘焙时间：15分钟。
冷冻时间：至少6小时。

特殊工具

18厘米圆形慕斯模具，
24厘米圆形慕斯模具，
蛋糕围边，
温度计，
网架，
抹刀。

难点

制作焦糖。

手法

制作干焦糖。（49页）
用裱花袋。（272页）

步骤

湿焦糖—乔孔达海绵蛋糕—慕斯—糖霜—牛轧。

准备

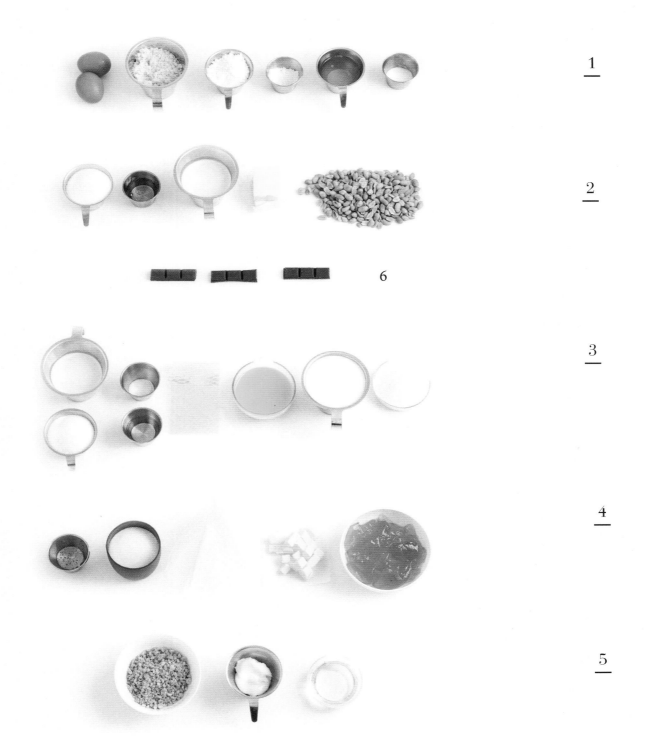

1

2

6

3

4

5

学做焦糖甜点

1. 制作花生软焦糖，用搅碎机捣碎花生。制作无水焦糖（49页）。当焦糖颜色变深时，关火，浇上一点奶油。奶油充分融入后，再重新加入一点奶油，搅拌。重复此步骤，直至加完所有奶油。然后加入黄油和花生碎。准备烤盘，铺上烘焙纸。将混合物倒入24厘米的圆形慕斯模具。至少冷冻2小时。

2. 制作乔孔达海绵蛋糕（34页）。软焦糖脱模后，重新冷冻，同时将圆形慕斯模具刷干净。乔孔达海绵蛋糕冷却后，切成两个直径分别为18厘米、24厘米的蛋糕饼。将巧克力融化成巧克力酱后，涂抹在大的蛋糕饼上。

3. 在直径24厘米的圆形慕斯模具内侧，附一层蛋糕围边。然后把圆形慕斯模具放在铺有烘焙纸的烤盘上。将涂有巧克力酱的蛋糕饼放在圆形慕斯模具里。最后，把花生软焦糖放在蛋糕饼上。

4. 制作焦糖慕斯，明胶泡发（270页）。制作无水焦糖（49页）。当焦糖颜色变深时，关火，倒入奶油，融化锅底的焦糖浆，然后用打蛋器搅打焦糖。明胶沥水，放入焦糖内。盐之花过筛后，放入焦糖内。静止冷却至常温。

5. 用打发尚蒂伊奶油的方式（62页），打发250克奶油。制作爆炸奶油（58页）。取打发奶油的1/3，加入焦糖中，并用搅打器搅打。然后加入爆炸奶油，轻轻用橡皮刮刀搅拌。最后，加入剩下的打发奶油，用橡皮刮刀轻轻搅拌，直至均匀。

6. 在软焦糖上，涂一层慕斯。把小的乔孔达海绵蛋糕饼放在中间，涂上剩下的慕斯。冷冻至少两个小时，最好冷冻至第二天。

7. 制作焦糖糖霜，泡发明胶（270页）。用糖和葡萄糖制作无水焦糖（49页）。当焦糖颜色变深时，关火，用杏子浇头融化锅底的焦糖浆。用打蛋器搅打，并加入黄油。明胶沥水后，加入焦糖中，搅拌，过筛，冷却至40℃。从冷柜拿出焦糖甜点，取下圆形慕斯模具和蛋糕围边。把甜点放在网架上，注意底下垫一个小烤盘。浇上糖霜，并找平（274页）。

8. 制作牛轧（50页）。用擀面杖擀碎后，贴在甜点表面。

提拉米苏

要点解析

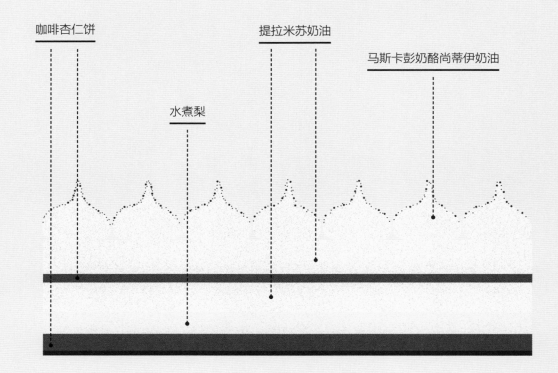

咖啡杏仁饼　　　　　提拉米苏奶油

　　　　马斯卡彭奶酪尚蒂伊奶油

水煮梨

初识提拉米苏

以咖啡杏仁饼、提拉米苏慕斯和水煮梨为原料
的甜点。

用时

准备时间：2小时。
烘焙时间：15—25分钟。
冷冻时间：4小时30分钟。

特殊工具

12—24厘米的长方形方形慕斯模具，
食物搅拌机，
电动打蛋机，
裱花袋，
圣人泡芙裱花嘴。

难点

打发。

手法

用圣人泡芙裱花嘴制作裱花。

技巧

如果想快速制作一道提拉米苏，可以省去煮
水果一步。

准备

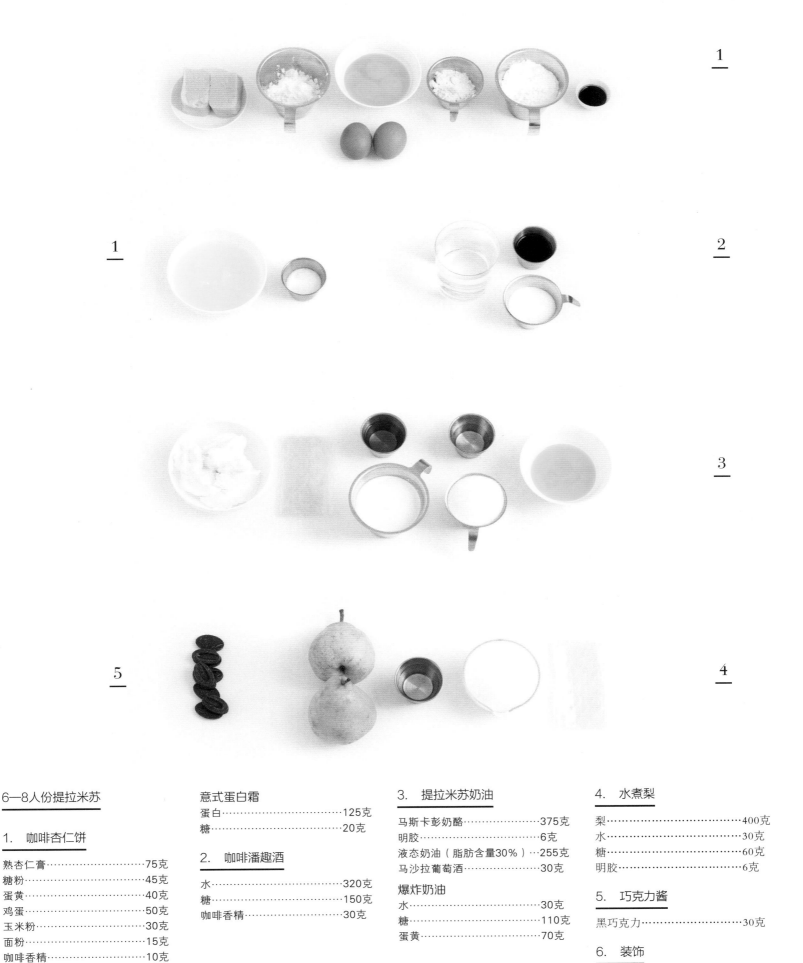

6—8人份提拉米苏

1. 咖啡杏仁饼

熟杏仁膏	75克
糖粉	45克
蛋黄	40克
鸡蛋	50克
玉米粉	30克
面粉	15克
咖啡香精	10克

意式蛋白霜

蛋白	125克
糖	20克

2. 咖啡潘趣酒

水	320克
糖	150克
咖啡香精	30克

3. 提拉米苏奶油

马斯卡彭奶酪	375克
明胶	6克
液态奶油（脂肪含量30%）	255克
马沙拉葡萄酒	30克

爆炸奶油

水	30克
糖	110克
蛋黄	70克

4. 水煮梨

梨	400克
水	30克
糖	60克
明胶	6克

5. 巧克力酱

黑巧克力	30克

6. 装饰

可可粉	30克

学做提拉米苏

1. 制作咖啡杏仁饼，烤箱预热至180℃。用打蛋机搅打杏仁膏、蛋黄和鸡蛋。将混合物倒入打蛋器配套的容器中，加入糖霜后，搅打几分钟，直至混合物的质地变轻盈。然后加入咖啡香精。轻轻搅打均匀后，将混合物倒在宽口容器中。

2. 打发法式蛋白霜（42页）。将1/3的蛋白霜加入步骤1制作好的混合物中，并用橡皮刮刀轻轻搅拌。然后加入过筛的面粉和玉米粉，同样用橡皮刮刀轻轻搅拌。最后，一边用橡皮刮刀搅拌，一边加入剩下的蛋白霜。

3. 烤盘铺一层烘焙纸，倒入混合物，用抹刀抹平。烘焙15—25分钟。冷却。

4. 梨去皮，切成2厘米的水果丁。放入平底锅中，加糖和水。明胶泡发（270页）。一边大火猛煮，直至梨丁水分变少，成糊糊状；一边

不断用抹刀搅拌，然后加入沥水明胶。

5. 切2个咖啡杏仁饼。用隔水炖锅融化巧克力，以便制作巧克力酱。制作咖啡潘趣酒，水加糖煮沸，停止加热后，加入咖啡香精。烤盘铺上烘焙纸，然后把12厘米×24厘米的方形慕斯模具放在烤盘上。给第一个杏仁饼刷巧克力酱。

6. 将刷好巧克力酱的杏仁饼放在方形慕斯模具里，巧克力面朝下。再刷一层巧克力潘趣酒（278页）。用橡皮刮刀将水煮梨酱均匀地抹在蛋糕饼上。冷冻3小时。

7. 制作提拉米苏奶油，冷水泡发明胶。马斯卡彭奶酪加入液态奶油，用打蛋器打发。阴凉环境下保存。取打发奶油中的210克，加入糖霜，做装饰用。制作爆炸奶油（58页）。微微加热马沙拉葡萄酒后，加入沥水明胶，让明胶充分融化。一边用打蛋器搅拌，一边慢慢地把马

沙拉葡萄酒倒入打发的马斯卡彭奶油酱中，然后加入1/3爆炸奶油，并用打蛋器搅打。最后，加入剩下的2/3爆炸奶油，并用橡皮刮刀轻轻搅打。

8. 取250克提拉米苏奶油，并用橡皮刮刀将奶油均匀地涂抹在梨酱层上。冷冻30分钟后，放第二层杏仁饼，并刷一层咖啡潘趣酒。用剩下的提拉米苏奶油做装饰，然后冷冻1小时。

9. 取下方形慕斯模具。用圣人泡芙裱花嘴（273页）做装饰奶油。最后，撒一层可可粉。

提拉米苏

榛子巧克力慕斯蛋糕

要点解析

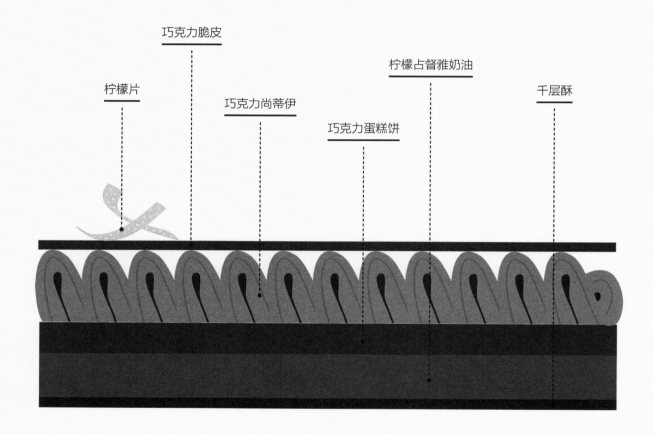

巧克力脆皮

柠檬片

巧克力尚蒂伊

柠檬占督雅奶油

巧克力蛋糕饼

千层酥

初识榛子巧克力慕斯蛋糕

以松脆的千层酥做基础，装饰牛奶巧克力尚蒂伊奶油的柠檬果仁甜点。

用时

准备时间：2小时。
烘焙时间：15分钟。
松醒时间：4小时。

特殊工具

24厘米×24厘米的方形慕斯模具，
裱花嘴，
劈柴形蛋糕用的8号裱花袋，

牙签，
泡沫块，
弯形抹刀，
甜点刀。

相比经典尚蒂伊奶油，为什么巧克力尚蒂伊奶油更容易结粒？

巧克力尚蒂伊奶油结粒跟冷却时其中的巧克力成分结晶有关。为了避免这种状况，在准备阶段，要充分搅拌奶油和巧克力，使其呈质地均匀、稳定的乳状液体。

难点

制作巧克力尚蒂伊奶油。

手法

用裱花袋。（272页）
准备隔水炖锅。（270页）
制作焦糖。（278页）

步骤

柠檬片—尚蒂伊奶油的基础部分—无面粉巧克力蛋糕饼—占督雅奶油—打发—焦糖榛子脆皮。

准备

1

2

3

4

7

5

12份榛子巧克力慕斯蛋糕（12厘米×2厘米）

1. 千层酥

千层酥薄脆片（薄可丽饼碎）
·······················215克
糖衣杏仁························370克
黑巧克力······················150克

2. 占督雅奶油

榛子膏·························120克
黑巧克力······················120克
柠檬汁（6个柠檬）···········100克
液态奶油（脂肪含量30%）···50克

3. 无面粉巧克力蛋糕饼

巧克力蛋糕饼
黄油····························40克
66%巧克力·····················150克
50%普罗旺斯杏仁膏···········70克

蛋黄····························30克
法式蛋白霜
蛋白····························160克
糖······························60克

4. 巧克力尚蒂伊

液态奶油（脂肪含量30%）···500克
牛奶巧克力····················200克

5. 巧克力脆皮

黑巧克力······················200克

6. 水煮柠檬片

水······························100克
糖······························130克
柠檬····························2个

7. 吐丝榛子

过筛榛子······················150克
水······························50克
糖······························200克
葡萄糖·························40克

学做榛子巧克力慕斯蛋糕

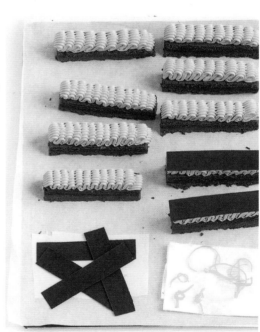

1. 制作无面粉巧克力蛋糕（40页）。制作千层酥：隔水炖锅融化巧克力（270页）。将千层酥和糖衣杏仁放在搅拌器容器中，用带搅拌桨的搅拌器低速搅拌。搅拌均匀后，倒入融化的巧克力，继续用搅拌桨搅拌器搅拌。

2. 制作柠檬占督雅奶油。隔水炖锅融化黑巧克力。揉软柠檬，然后榨汁。把榛子膏放入宽口容器中，用抹刀一边搅拌，一边加入融化的巧克力。加热奶油，倒入巧克力榛子膏中。加入柠檬汁，搅拌均匀。

3. 将奶油倒在千层酥上，冷藏30分钟。

4. 脱模。用方形慕斯模具切割巧克力蛋糕。

5. 把无面粉巧克力蛋糕放在千层酥上，冷藏保存。

6. 制作巧克力尚蒂伊。煮沸奶油。把巧克力放在宽口容器中，浇上煮沸的奶油。用打蛋器搅打。搅打均匀后，将混合物倒在另一个容器中，用保鲜膜封严，冷藏至第二天。用甜点刀把甜点切成12厘米×2厘米的长方形。摆放时，每个甜点之间留出足够的空间。取出巧克力奶油，按照经典尚蒂伊奶油的方式（62页）打发巧克力奶油。把巧克力尚蒂伊奶油装入劈柴形蛋糕用的8号裱花袋。在每份小甜点上，装饰奶油裱花（272页）。

7. 制作12厘米×2厘米巧克力脆皮（87页）。制作水煮柠檬片（281页）。沥干柠檬片，打结。每份小甜点上面，盖上巧克力脆皮，放一个柠檬结。

8. 要做吐丝榛子，首先要制作焦糖（48页）。将榛子插在牙签上。焦糖质地变浓稠时，把榛子浸入焦糖中。将裹好糖的榛子插在泡沫板上晾干，直至焦糖变硬。最后取下牙签，把吐丝榛子放在甜点上。

榛子巧克力慕斯蛋糕

樱桃心圆顶慕斯蛋糕

要点解析

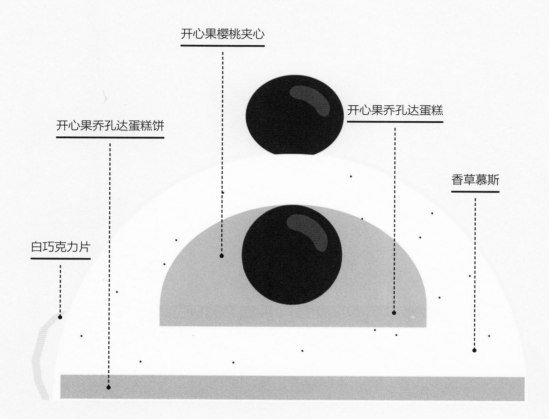

开心果樱桃夹心

开心果乔孔达蛋糕饼

开心果乔孔达蛋糕

香草慕斯

白巧克力片

初识樱桃心圆顶慕斯蛋糕

用松软的开心果蛋糕、香草慕斯和开心果樱桃夹心制作的半球形甜点。

用时

准备时间：2小时。
烘焙时间：1小时。
冷冻时间：至少6小时。

特殊工具

硅胶半球模型板（直径分别为8厘米和3厘米），
7厘米圆形圆形切模，
3厘米圆形圆形切模，
裱花嘴，
网架。

变式

经典圆顶慕斯蛋糕：巧克力慕斯，香草夹心
（用一个香草荚里的香草粒代替开心果膏）。

难点

打发。

手法

打发蛋白。（279页）
泡发明胶。（270页）
涂抹巧克力酱。（280页）
用裱花嘴。（272页）

步骤

夹心—慕斯蛋糕饼—打发—糖霜—巧克力装饰。

准备

6个樱桃心圆顶慕斯蛋糕

1. 开心果樱桃夹心

液态奶油（脂肪含量30%）…60克
牛奶……………………………20克
糖………………………………8克
玉米粉…………………………3克
蛋黄……………………………20克
开心果膏………………………10克
酸樱桃或阿玛蕾娜野樱桃…6个

2. 开心果乔孔达蛋糕饼

杏仁粉…………………………70克

糖霜……………………………70克
鸡蛋（2个）……………………100克
面粉……………………………10克
开心果膏………………………10克
装饰用糖霜……………………30克

3. 蛋白霜

蛋白……………………………70克
糖………………………………10克

4. 巧克力酱

白巧克力………………………30克

5. 香草慕斯

英式奶油

液态奶油………………………180克
香草荚…………………………2个
蛋黄……………………………60克
糖………………………………30克
明胶……………………………5克

打发奶油

液态奶油（脂肪含量30%）…180克

6. 白巧克力糖霜

牛奶……………………………6克
葡萄糖浆………………………25克
明胶……………………………3克
白巧克力………………………160克
水………………………………15克
氧化钛…………………………4克

7. 装饰

阿玛雷娜野樱桃………………6个
白巧克力………………………50克

学做樱桃心圆顶慕斯蛋糕

1. 制作樱桃开心果夹心，烤箱预热至90℃。宽口容器中，蛋黄加糖、玉米粉打发（279页）。平底锅中，加入牛奶、奶油和开心果膏，一边加热，一边用打蛋器搅拌。第一次沸腾时，倒入打发的蛋黄中。搅打。

2. 半球甜点模板中，每个半球内放一颗樱桃，倒入开心果奶油。入炉加热20—30分钟。直至晃动模板，奶油不再移动为止。冷却至常温后，冷冻（3小时）脱模。

3. 烤箱预热至190℃。准备乔孔达海绵蛋糕面糊（35页）。取30克面糊，加入开心果膏。将开心果面糊加入剩余的乔孔达海绵蛋糕面糊中，用橡皮刮刀搅拌均匀。烤盘铺上烘焙纸，用抹刀将面糊均匀地平摊在烤盘中。入炉加热10分钟。把蛋糕饼放在网架上，冷却。在烘焙纸上撒一层糖霜，放上冷却好的蛋糕饼。取下烘焙

纸。用两个圆形切模，切下6个直径7厘米的蛋糕饼和6个直径3厘米的蛋糕饼。隔水炖锅融化白巧克力。用刷子把白巧克力酱刷在大的蛋糕饼上（280页）。

4. 制作香草慕斯，泡发明胶（270页）。制作英式奶油（60页）。明胶沥水，放入英式奶油中，并搅打。过筛后，用保鲜膜封存，冷却至常温。用打发尚蒂伊奶油的方式（63页）打发奶油。取1/3打发好的奶油，加入英式奶油中，并用打蛋器搅打。剩下的2/3打发奶油，用橡皮刮刀一边搅拌，一边加入英式奶油中。

5. 把香草慕斯装入不带裱花嘴的裱花袋里。用剪刀剪掉裱花袋末端，以便捏紧裱花袋。这样从一个半球过渡到另一个的时候，就不会洒漏慕斯。拿出大的半球甜点模板，将香草慕斯填满其中的一半。

6. 先把樱桃开心果夹心放在香草慕斯中，盖上直径3厘米的乔孔达海绵蛋糕饼。再加一层香草慕斯，填到离模具边上2毫米为止，盖上直径7厘米的乔孔达海绵蛋糕。表层刷上巧克力酱。冷冻至少3小时，最好是冷冻至第二天。

7. 制作白巧克力糖霜（78页）。把网架放在高檐烤盘上。圆顶甜点脱模，放在网架上，用汤匙浇白巧克力糖霜。甜点周围装饰白色巧克力片（274页），顶部加一颗樱桃。

樱桃心圆顶慕斯蛋糕

异国风情挞

要点解析

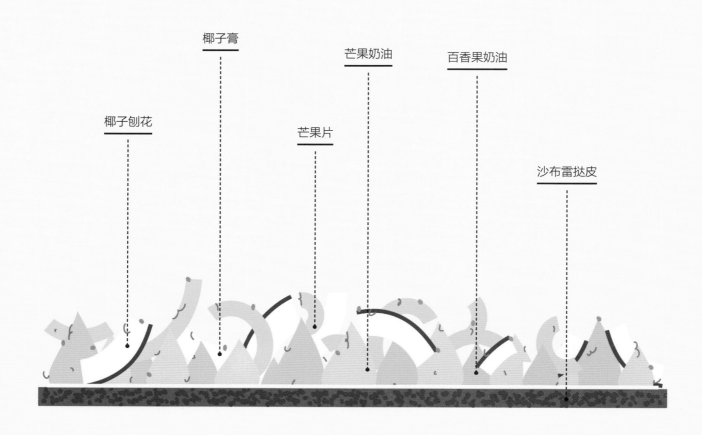

椰子膏

椰子刨花

芒果奶油

百香果奶油

芒果片

沙布雷挞皮

初识异国风情挞

本道甜点以沙布雷挞皮为基础，装饰椰子奶油、三味异国奶油球和新鲜水果。

用时

准备时间：2小时。
烘焙时间：30分钟。
冷藏时间：4小时。

特殊工具

3个裱花袋，
3个8号裱花嘴，
直径22厘米圆形慕斯模具，
小刨刀，
插入式搅拌机。

难点

面团烘焙。
用裱花袋制作奶油球。

手法

打发蛋黄。（279页）
用裱花嘴。（272页）
榨汁。（281页）

步骤

沙布雷挞皮—椰子奶油—椰子膏—百香果奶油—芒果奶油—装饰。

准备

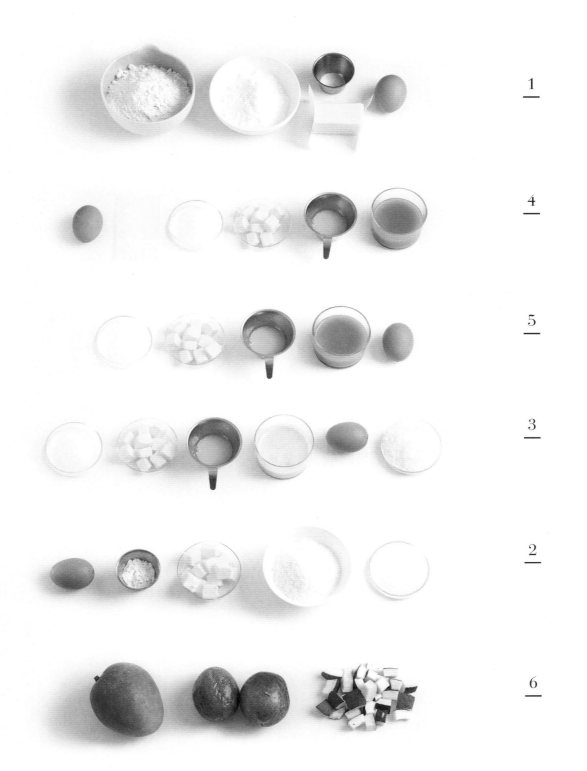

				1
				4
				5
				3
				2
				6

8人份异国风情挞

1. 沙布雷挞皮

面粉	200克
黄油	70克
盐	1克
糖霜	70克
鸡蛋（1个）	50克

2. 可可奶油

黄油	60克
糖	40克

椰丝	60克
鸡蛋（1个）	50克
面粉	10克

3. 椰子膏

椰子泥	100克
蛋黄	25克
鸡蛋	30克
糖	20克
明胶	1克
黄油	30克
椰丝	30克

4. 百香果奶油

百香果泥	125克
蛋黄	30克
鸡蛋（1个）	50克
糖	35克
明胶	1克
黄油	50克

5. 芒果奶油

芒果泥	125克
蛋黄	35克
鸡蛋（1个）	50克
糖	35克

明胶	1克
黄油	50克

6. 装饰

鲜芒果	1个
鲜椰子	1个
百香果	2个
绿柠檬	1个

学做异国风情挞

1. 制作沙布雷挞皮（12页）。松醒后，擀成2毫米厚的面皮。圆形慕斯模具上涂抹一层黄油，用圆形慕斯模具在油酥面皮上切出一个直径22厘米的蛋糕饼，切好后，圆形慕斯模具依然放在原处。

2. 烤箱预热至160℃。用制作杏仁奶油的方式（64页）制作可可奶油，用椰丝代替杏仁粉即可。

3. 将椰子奶油涂在沙布雷挞皮上，烘焙20—30分钟。用抹刀托起面团：烤好的面团应该呈均匀的金黄色。脱模，放在网架上冷却。

4. 制作百香果奶油，泡发明胶（270页）。蛋黄加糖、鸡蛋打发（279页）。同时，加热百香果泥。果泥沸腾时，取一半，倒在蛋黄—鸡蛋—糖混合物中。用打蛋器搅打。

5. 将混合物倒入平底锅中，一边用打蛋器搅打，一边加热。第一次沸腾时，关火，加入黄油和沥水明胶，并用打蛋器搅打2—3分钟。搅打均匀后，倒入另外的容器中，冷藏至少两个小时。

6. 搅打剩下的百香果奶油。搅打均匀后，装入裱花袋（8号裱花嘴），随意地在沙布雷挞皮上装点一些奶油球，奶油球占据面团1/3面积即可。

7. 用同样的方式加入芒果泥，制作芒果奶油。并在沙布雷挞皮上装点芒果奶油球。

8. 用同样的方式加入椰丝，制作椰子膏。加入黄油和明胶的时候，加入椰丝。同样在沙布雷挞皮上装点一些椰子膏球。芒果去皮，切片。捣碎椰果，用小刀切成刨花。取出百香果果浆。将芒果片、椰果刨花和百香果果浆装点在挞上。

装饰

用小刨刀擦一些绿柠檬皮丝，装饰在甜点上。

红果开心果酱吐司

要点解析

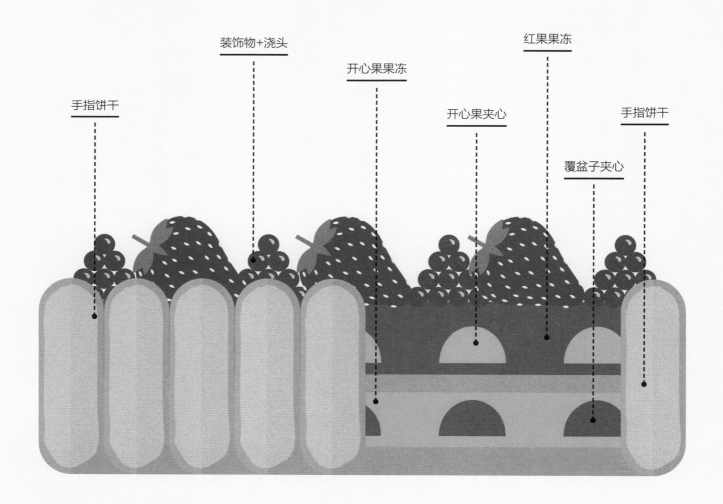

手指饼干

装饰物+浇头

开心果果冻

开心果夹心

红果果冻

覆盆子夹心

手指饼干

初识红果开心果酱吐司

以一排手指饼、两层果冻为基础材料：覆盆子果冻和开心果夹心，开心果果冻和覆盆子夹心，并用水果和浇头进行点缀的甜点。

用时

准备时间：2小时。
烘焙时间：30分钟。
冷冻时间：4小时。
冷藏时间：4小时。

特殊工具

裱花袋，
10号裱花嘴，
直径22厘米的圆形慕斯模具，
蛋糕围边，
硅胶半球模型板（24个直径3厘米的半球模）。

手法

用裱花袋。（272页）

步骤

夹心—手指饼—果冻—打发—松醒—装饰。

准备

8人份红果开心果果酱吐司

1. 开心果果冻

英式奶油

牛奶·····125克
液态奶油（脂肪含量30%）·····125克
蛋黄·····50克
糖·····40克
开心果膏·····30克

打发奶油

明胶·····4克
液态奶油（脂肪含量30%）·····200克

2. 红果果冻

英式奶油

红果果泥·····250克
蛋黄·····50克
糖·····40克

打发奶油

明胶·····4克
液态奶油（脂肪含量30%）·····200克

3. 覆盆子夹心

覆盆子果泥·····200克
糖·····20克
明胶·····2克

4. 开心果夹心

英式奶油

牛奶·····60克
奶油·····60克
蛋黄·····25克
糖·····15克

调味

开心果膏·····10克
明胶·····2克

5. 手指饼

法式蛋白霜

蛋白·····150克

糖·····125克

基础面皮

面粉·····100克
马铃薯淀粉·····25克
蛋黄·····80克

装饰

糖霜·····30克

6 装饰

新鲜覆盆子·····100克
鲜草莓·····100克
鲜越橘·····100克
鲜醋栗·····50克
无盐开心果·····50克
浇头·····50克

135

学做红果开心果酱吐司

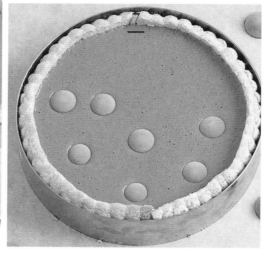

1. 制作手指饼面糊（37页）。用裱花袋制作两排长40厘米、宽5厘米的手指饼，两个直径22厘米的面饼（37页）。烘焙（37页）。放在网架上冷却。

2. 制作开心果夹心。冷水泡发明胶。制作英式奶油（60页）。加热结束后，放入开心果膏和沥水明胶。搅打后，把混合物倒到12个半球模中，冷冻2小时。制作覆盆子夹心，冷水泡发明胶。果泥加糖，加热。第一次沸腾后，停止加热，加入沥水明胶，搅打。将混合物倒入剩下的12个半球模型中，冷冻2小时。

3. 制作果冻，用打发尚蒂伊奶油的方式（62页）打发400克液态奶油。使用时把打发的奶油分成两份，分别加在果冻中，但使用前需要冷藏保存。制作开心果果冻（70页），英式奶油加热完成后，加入开心果膏即可。

4. 制作红果果冻（70页），用红果果泥代替牛奶和奶油。

5. 圆形慕斯模具内附一层蛋糕围边，烤盘铺一层烘焙纸。手指饼干排紧贴圆形慕斯模具放好，底部放一张手指饼。

6. 倒入开心果果冻，用橡皮刮刀搅匀。覆盆子夹心脱模，撒在奶油中间。

7. 盖上第二张手指饼。倒入红果果冻。开心果夹心脱模，撒在奶油中间。至少冷藏3小时。

8. 用平底锅微微加热浇头。关火后，加入覆盆子、切成四瓣的草莓、越橘和开心果，并用勺子搅拌。

9. 将拌好的水果放在吐司蛋糕上，最后撒上醋栗果。

红果开心果酱吐司

巧克力牛奶劈柴蛋糕

要点解析

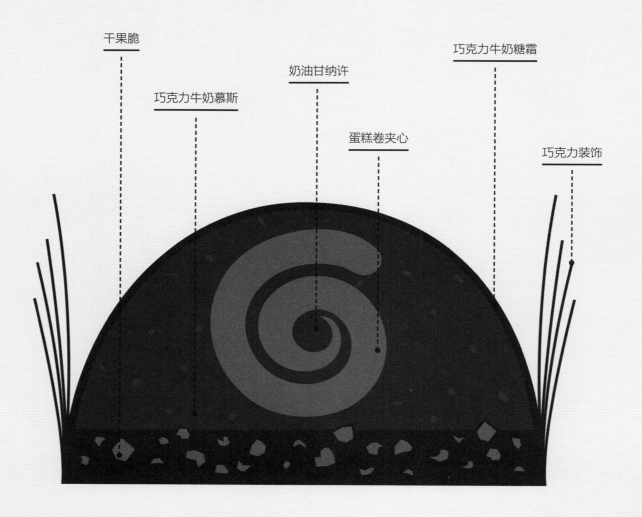

干果脆

巧克力牛奶慕斯

奶油甘纳许

蛋糕卷夹心

巧克力牛奶糖霜

巧克力装饰

初识巧克力牛奶劈柴蛋糕

以糖衣干果脆、桂皮—牛奶巧克力慕斯、甘纳许和蛋糕卷夹心为原料，最后装饰牛奶白巧克力糖霜的蛋糕。

用时

准备时间：2小时。
烘焙时间：10—20分钟。
冷冻时间：至少7小时。

特殊工具

甜点槽（10厘米×30厘米）
方形慕斯模具（10厘米×30厘米）或蛋糕模（10厘米×30厘米）或者烤盘或砧板，
裱花袋。

变式

用白巧克力慕斯（112页）代替桂皮—牛奶巧克力慕斯。

难点

糖霜。

手法

烤干果。（281页）
打发奶油。（277页）
巧克力脆皮。（87页）

技巧

模具用热水烫过后，制作甜点时，更容易脱模。

步骤

甘纳许—杰诺瓦士蛋糕—干果脆—慕斯—打发—糖霜—装饰。

准备

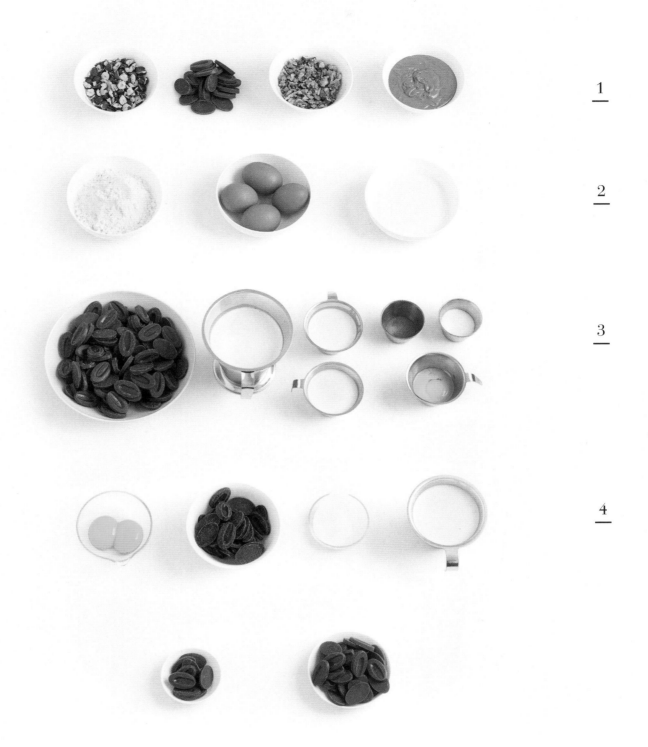

<table>
<tr><td>1</td></tr>
<tr><td>2</td></tr>
<tr><td>3</td></tr>
<tr><td>4</td></tr>
</table>

10人份巧克力牛奶劈柴蛋糕

1. 干果脆

榛子碎	60克
牛奶巧克力	80克
糖衣杏仁	150克
核桃碎	60克

2 杰诺瓦士海绵蛋糕

鸡蛋	2个
面粉	65克
糖	65克

3. 牛奶巧克力慕斯

英式奶油

液态奶油（脂肪含量30%）	90克
牛奶	90克
蛋黄	40克
糖	20克
牛奶巧克力	410克
桂皮粉	10克

打发奶油

液态奶油（脂肪含量30%）	340克

4. 奶油甘纳许

牛奶	100克

蛋黄	20克
糖	20克
黑巧克力	50克

5. 牛奶糖霜

牛奶巧克力	125克
黑巧克力	45克
液态奶油（脂肪含量30%）	110克
转化糖	20克

6. 白巧克力糖霜

牛奶	30克
葡萄糖浆	12克
明胶	2克

白巧克力	75克
水	8克
氧化钛	2克

7. 巧克力酱

黑巧克力	30克
白巧克力	30克

8. 装饰

黑巧克力	100克

学做巧克力牛奶劈柴蛋糕

1. 制作干果脆：烤箱预热至170℃，干果放在铺有烘焙纸的烤盘上，烘烤15—20分钟（281页）。

2. 隔水炖锅融化巧克力。宽口容器中，用抹刀搅拌糖衣杏仁和干果。加入融化的牛奶巧克力。搅拌均匀后，倒入10厘米×30厘米的方形慕斯模具中，冷藏。

3. 制作奶油甘纳许（72页），冷藏保存。制作杰诺瓦士海绵蛋糕（32页）。切一个10厘米×30厘米的蛋糕条，抹上奶油甘纳许，卷成蛋糕筒，盖上保鲜膜，冷冻1小时。

4. 制作桂皮—牛奶巧克力慕斯，隔水炖锅融化牛奶巧克力。用牛奶、鸡蛋和糖（279页），加入桂皮牛奶制作英式奶油。把融化的牛奶巧克力从隔水炖锅中取出，倒入英式奶油。用打发尚蒂伊奶油的方式（62页）打发奶油。

5. 巧克力英式奶油中，加入100克打发奶油，并用打蛋器搅打。然后加入剩下的奶油，用橡皮刮刀搅打（270页）。质地均匀后，将一半慕斯倒入甜点槽中。

6. 取出蛋糕卷，放在甜点槽的慕斯上，倒入剩下的一半慕斯。

7. 撒干果脆，刷白巧克力酱。至少冷冻6小时。

8. 制作牛奶糖霜和白巧克力糖霜（78—79页），45℃保存。劈柴蛋糕脱模，放在网架上，浇一层牛奶糖霜（280页）。白巧克力糖霜装入裱花袋。在裱花袋上剪一个小洞，在牛奶糖霜上，划一些细线用作装饰。

用巧克力水滴装饰

制作巧克力水滴（87页），将其贴在劈柴蛋糕周围，当作装饰。

巧克力牛奶劈柴蛋糕

巧克力牛奶劈柴蛋糕

烤蛋白柠檬挞

要点解析

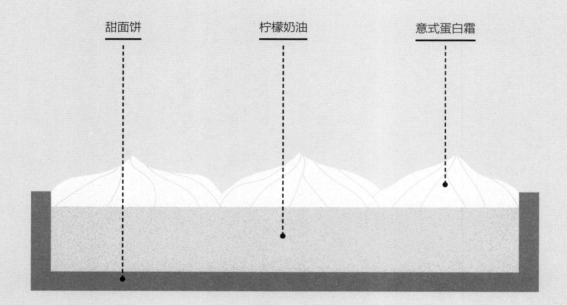

甜面饼　　　　　柠檬奶油　　　　　意式蛋白霜

初识烤蛋白柠檬挞

本道甜点用甜面饼做基础，装饰冷柠檬奶油和
喷枪上色的意式蛋白霜。

用时

准备时间：1小时。
烘焙时间：30分钟。
松醒时间：1小时。
冷藏时间：30分钟。

特殊工具

直径24厘米的挞式圆形慕斯模具，
裱花袋，

圣人泡芙裱花嘴，
喷枪。

变式

装饰传统蛋白霜：用凹式裱花嘴。
装饰简易蛋白霜：用抹刀摊平。
绿柠檬挞：用绿柠檬（等量柠檬汁）代替黄
柠檬。
日本柚子挞：用日本柚子（等量柚子汁）代替
黄柠檬。

难点

烘焙甜面饼。
蛋白霜装饰、上色。

手法

撒面粉防粘。（270页）
面皮底部鼓气。（284页）
面皮垫底。（284页）
喷枪上色。（275页）
用带裱花嘴的裱花袋。（272页）

步骤

甜面皮—奶油—蛋白霜—打发—烘焙。

准备

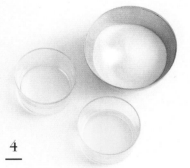

8人份烤蛋白柠檬挞

1. 糖浆

水	100克
糖	50克

2. 甜挞皮

黄油	10克
糖霜	80克
杏仁粉	20克
鸡蛋（1个）	50克
盐	1克
面粉	200克

3. 柠檬奶油

柠檬汁（7个柠檬）	140克
糖	160克
鸡蛋（4个）	200克
明胶	4克
黄油	80克

4. 意式蛋白霜

蛋白	50克
水	40克
糖	125克

学做烤蛋白柠檬挞

1. 制作甜挞皮（15页）。提前30分钟取出甜挞皮。在工作台上撒一层面粉（270页），用擀面杖把面团擀成2毫米厚的面皮，慢慢掀起面皮，送气（284页）。挞式圆形慕斯模具涂上黄油，放在铺有烘焙纸的烤盘上。用面皮在圆形慕斯模具中垫底（284页）。

2. 用刀切掉多余的面皮或直接用擀面杖轧掉（284页）。底部面皮上扎上小孔或按压（284页）。

3. 170℃烘焙30分钟。掀起面皮，烤好的面皮：色泽均匀。

4. 小平底锅煮水。用果皮刀削柠檬皮，然后切成2毫米宽的柠檬条（或者用削皮器打皮）。把柠檬皮放在开水里浸泡30秒。沥水。

5. 制作糖浆。平底锅中加入水、糖，搅拌。沸腾后立即关火。把柠檬皮放在糖浆中浸泡至少1小时。沥水后，加在柠檬奶油中。

6. 制作柠檬奶油（74页）。奶油趁热倒入烤好的挞底中，奶油面与挞边齐平即可。冷藏。

7. 柠檬条撒在柠檬奶油上。

8. 制作意式蛋白霜（44页）。蛋白霜装入裱花袋中，用圣人泡芙裱花嘴在柠檬挞上由外向内画短线。

9. 用喷枪上色（275页）或者放在烤箱烘焙30秒即可。

烤蛋白柠檬挞

绿柠檬奶油小挞

要点解析

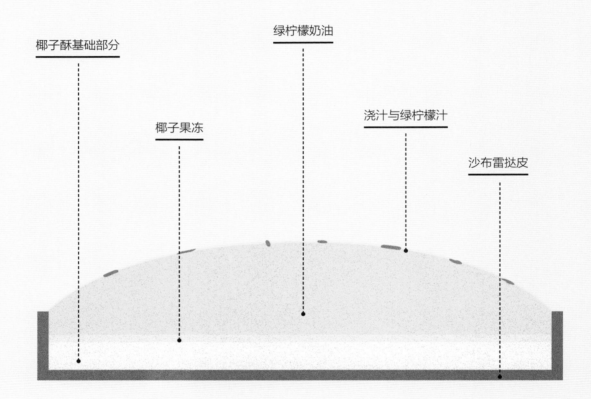

椰子酥基础部分

椰子果冻

绿柠檬奶油

浇汁与绿柠檬汁

沙布雷挞皮

初识绿柠檬奶油小挞

用椰子酥作为基础部分，以椰子软果冻和绿柠檬奶油为原料的沙布雷挞皮。

用时

准备时间：1小时30分钟。
烘焙时间：30分钟。
松醒时间：4小时。

特殊工具

6个直径10厘米的圆形慕斯模具，
直径12厘米的圆形切模，
裱花袋（10号裱花嘴），
抹刀，
小刨刀。

变式

柠檬奶油小挞（等量柠檬汁）。

难点

面团烘焙。
抹刀找平。

手法

加香料。（270页）
充气。（284页）
在模子里用面团垫底。（284页）
剥柠檬皮。（281页）
用抹刀制作圆盖。（275页）

技巧

确认加热程度，掀起挞底观察：着色均匀。
椰子酥底可以中和小馅饼的口感，在油酥饼和奶油饼之间找到平衡。

步骤

沙布雷挞皮—柠檬奶油—椰子酥底—椰子果冻—装饰。

准备

2

1

3

4

5

6个绿柠檬奶油小挞

1. 椰子酥底

椰丝·····················75克
糖·······················75克
蛋白·····················30克
椰子果泥·················50克

2. 椰子果泥

面粉······················200克
黄油······················70克
盐························1克
糖霜·······················70克
鸡蛋（1个）················50克

3. 椰子果冻

椰子果泥·················100克
糖·······················20克
明胶······················2克

4. 绿柠檬奶油

绿柠檬汁（8个柠檬）········120克

糖························150克
蛋黄······················150克
黄油······················200克
明胶······················4克

5. 装饰

浇汁+1个绿柠檬·············250克

147

学做绿柠檬奶油小挞

1. 制作沙布雷挞皮（12页）。提前30分钟从冰箱中取出面团。烤箱预热至170℃，在工作台上撒一层面粉（270页）。把沙布雷挞皮擀成2毫米厚的面皮。慢慢掀起面皮，吹气（284页）。用直径12厘米的圆形切模，在面皮上切出6个面饼。

2. 圆形慕斯模具内侧涂上黄油，放在铺有烘焙纸的烤盘上。用面皮在圆形慕斯模具中垫底（284页），注意，面皮与圆形慕斯模具要成直角（284页）。切掉高出圆形慕斯模具的面皮。170℃烘烤12分钟。冷却，脱模。

3. 把制作椰子酥底的原料放在宽口容器中搅拌均匀。

4. 用汤匙给每个挞底盛上35克椰子酥底原料。烘烤15分钟。放在网架上冷却。

5. 制作椰子果冻，泡发明胶（270页）。用平底锅加糖加热50克椰子果泥。沸腾后停止加热。加入沥水明胶和剩下的果泥。每个挞底倒入30克椰子果冻。冷藏。

6. 制作绿柠檬奶油（74页）。把做好的奶油倒入容器中，封上保鲜膜，冷藏2小时。用打蛋器搅打，让奶油变得更为细腻。将奶油装入裱花袋中（10号裱花嘴）。在每个挞底中间，用一个绿柠檬奶油顶（275页）。

7. 用抹刀刮平奶油顶表面（275页），冷冻至少2小时。

8. 用小刨刀刮下柠檬皮。浇汁微微加热后，放入柠檬皮。取出冷冻的小挞，把奶油顶的部分浸入浇汁中。

绿柠檬奶油小挞

覆盆子吉布斯特小挞

要点解析

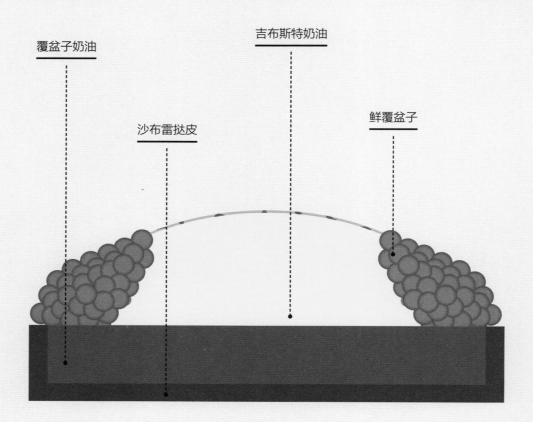

覆盆子奶油

吉布斯特奶油

沙布雷挞皮

鲜覆盆子

初识覆盆子吉布斯特小挞

沙布雷挞皮上盖一层覆盆子奶油、一层焦糖吉布斯特奶油，再装饰新鲜的覆盆子。

用时

准备时间：1小时30分钟。
烘焙时间：15—25分钟。
冷藏时间：30分钟。
冷冻时间：4小时30分钟。

感觉

8个直径为8厘米的圆形慕斯模具，
一个硅胶半球模型板（半球直径6厘米），
插入式搅拌机，
喷枪，刷子。

难点

面团烘焙。

手法

撒面粉。（284页）
面皮底部送气。（284页）
面皮垫底。（284页）
泡发明胶。（270页）

技巧

如果没有半球模型，可以用裱花袋制作吉布斯特奶油顶（275页），只是用半球模型制作的奶油顶表面更光滑。

步骤

沙布雷挞皮—覆盆子奶油—吉布斯特奶油—组合。

准备

制作8个覆盆子吉布斯特小挞（或
者一个直径24厘米的覆盆子挞）

1.　沙布雷挞皮

面粉·····················200克
黄油·······················70克
盐···························1克
糖霜························70克
鸡蛋（1个）·················50克

2.　吉布斯特奶油

卡仕达酱
牛奶·····················250克
蛋黄·······················50克

意式蛋白霜
玉米粉·····················25克
黄油·······················25克
明胶························8克

意式蛋白霜
蛋白·······················50克
水·························40克
糖·······················125克

3.　覆盆子奶油

覆盆子果泥
（或者40克覆盆子浓汁）·····200克
蛋黄·······················60克

鸡蛋·······················80克
糖·························60克
明胶························2克
软黄油·····················80克

4.　装饰

鲜覆盆子·················250克
浇汁·····················200克

151

学做覆盆子吉布斯特小挞

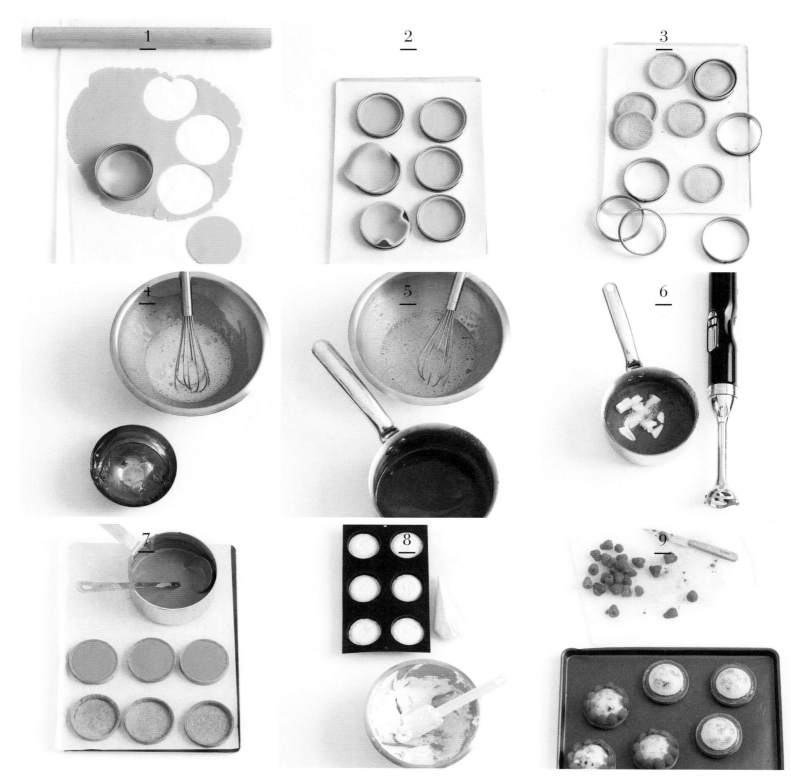

1. 提前30分钟取出面团。烤箱预热至170℃，工作台上撒一层面粉（284页）。把面团擀成2毫米厚的面皮，慢慢掀起面皮，送气（284页）。

2. 圆形慕斯模具内部涂黄油，放在铺有烘焙纸的烤盘上。面皮垫底。用刀切掉多余的面皮或直接用擀面杖轧掉（284页）。底部面皮上扎上小孔或按压（284页）。

3. 170℃烘焙15分钟。掀起面皮，烤好的面皮：色泽均匀。冷却，脱模。

4. 在宽口容器中，蛋黄加糖（279页）打发。泡发明胶（270页）。

5. 加热覆盆子果泥。沸腾时，把一半热果泥倒入蛋黄和糖的混合物中。用打蛋器搅拌后，倒入平底锅中，一边加热一边搅拌。

6. 第一次沸腾后，端下平底锅，加入黄油块、沥水明胶。先搅打后搅拌2—3分钟。

7. 将混合物倒满挞底，冷藏30分钟。

8. 制作吉布斯特奶油（66页）。把奶油倒入半球模型中，冷冻至少4小时，最好冷冻至第二天。

9. 脱模，把奶油半球放在覆盆子小挞上。用喷枪上色（275页）后，冷冻20分钟。用刷子刷一层浇汁，最后在奶油半球周围装饰一圈新鲜的覆盆子。

覆盆子吉布斯特小挞

草莓挞

要点解析

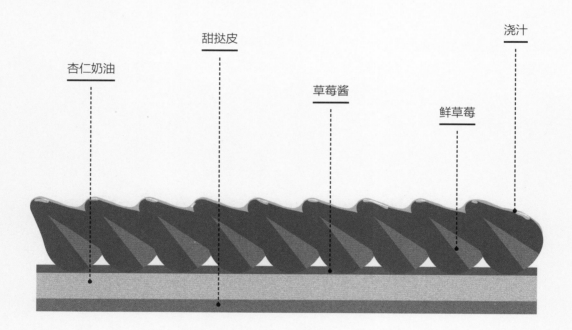

杏仁奶油　　　甜挞皮　　　草莓酱　　　鲜草莓　　　浇汁

初识草莓挞

甜挞皮装饰杏仁奶油、草莓酱和鲜草莓。

用时

准备时间：1小时。
烘焙时间：25—35分钟。
冷藏时间：1小时。

特殊工具

直径24厘米的挞式圆形慕斯模具，
裱花袋，
8号裱花嘴。

变式

用卡仕达酱或者尚蒂伊奶油做馅料。
用整个草莓或者草莓瓣装饰。

难点

面团烘焙。

手法

撒面粉。（284页）
面皮底部送气。（284页）
面皮垫底。（284页）
用裱花袋。（272页）

步骤

甜挞皮—卡仕达酱—组合。

8人份草莓挞

1. 甜挞皮

黄油·····················140克
糖霜·····················100克
杏仁粉····················25克
鸡蛋（1个）··············25克
盐·························1克
面粉·····················250克

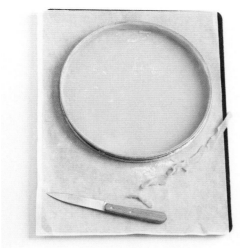

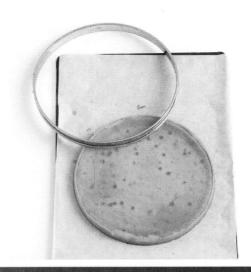

2. 杏仁奶油

杏仁奶油

黄油·······················50克
糖·························50克
杏仁粉·····················50克
鸡蛋（1个）···············50克
面粉·······················10克

卡仕达酱

牛奶·······················20克
蛋黄·······················5克
糖·························5克
玉米粉·····················2克
黄油·······················2克

3. 装饰

鲜草莓·····················750克
草莓酱·····················100克
浇汁·······················50克

1. 制作甜挞皮（15页）。提前30分钟从冰箱取出面团。工作台上撒一层面粉（284页）。把面团擀成2毫米厚的面皮，慢慢掀起面皮，送气（284页）。

2. 圆形慕斯模具内部涂黄油，放在铺有烘焙纸的烤盘上。面皮垫底（284页）。用刀切掉多余的面皮或直接用擀面杖轧掉（284页）。冷藏30分钟。烤箱预热至160℃。

3. 制作卡仕达酱（53页），冷藏保存。制作杏仁奶油（64页），加入50克卡仕达酱，并搅打。将重新制作好的杏仁奶油装入带10号裱花嘴的裱花袋中，在挞底画一个螺旋式奶油饼（272页）。

4. 160℃烘焙30分钟。掀起挞底，检查烘焙程度（285页）。冷却后脱模。

5. 在杏仁奶油上涂一层草莓酱。

6. 保留一颗完整的草莓，将剩下的竖切成两瓣。由外到内，把草莓瓣叠成圈，一圈切面朝上，一圈切面朝下。完整的草莓放在最中间，作为装饰。

7. 浇汁加20克水，煮沸。沸腾后，立即用刷子把浇汁刷在草莓上。（274页）

百香果挞

要点解析

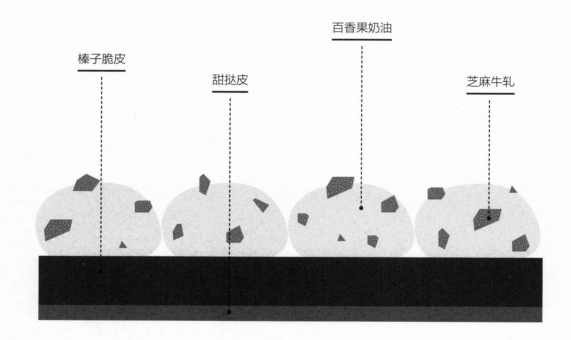

榛子脆皮

甜挞皮

百香果奶油

芝麻牛轧

初识百香果挞

甜挞皮装饰榛子脆皮、百香果奶油顶和芝麻牛轧碎。

用时

准备时间：1小时30分钟。
烘焙时间：40—50分钟。
冷藏时间：3小时。

特殊工具

长方形方形慕斯模具12厘米×24厘米，
裱花袋（12号裱花嘴），
插入式搅拌机。

难点

面团烘焙。

手法

撒面粉。（284页）
面皮底部送气。（284页）
用裱花袋。（272页）

步骤

甜挞皮—榛子脆皮—百香果奶油—芝麻牛轧。

准备

8人份百香果挞

1. 甜挞皮

黄油·······························70克
糖霜·······························50克
榛子粉·····························50克
鸡蛋·······························30克
盐·································1克
面粉·······························120克

2. 榛子脆皮

面粉·······························100克
榛子粉·····························100克
黄油·······························100克
糖·································50克
牛奶巧克力·························100克
糖衣杏仁···························50克
装饰薄脆片（薄可丽饼碎）···50克

3. 百香果奶油

百香果泥···························250克
蛋黄·······························75克
鸡蛋·······························100克
糖·································75克
明胶·······························2克
黄油·······························100克

4. 芝麻牛轧

芝麻·······························50克
奶油软糖···························60克
葡萄糖·····························50克

学做百香果挞

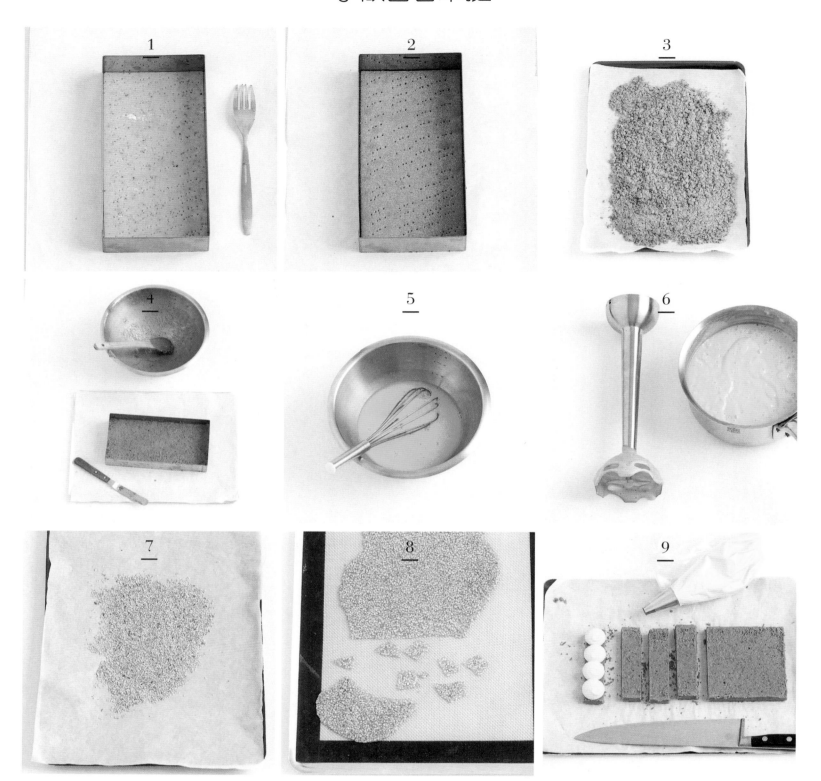

1. 制作甜挞皮（15页）。提前30分钟从冰箱取出面团。烤箱预热至170℃。工作台上撒一层面粉（284页）。把面团擀成2毫米厚的长方形面皮，慢慢掀起面皮，送气（284页）。将面皮放在铺有烘焙纸的烤盘上，用12厘米×24厘米的方形慕斯模具把面皮切成长方形。用叉子小心翼翼地在面皮上扎洞。

2. 烘焙20分钟。面皮颜色变成均匀的黄色后，取出放在网架上冷却。

3. 制作榛子脆皮，烤箱预热至170℃，黄油切丁。把黄油丁放在面粉、榛子粉和糖中，用指尖轻轻揉搓（284页）。把混合物倒入铺有烘焙纸的烤盘中，一边加热，一边用抹刀搅拌。搅拌均匀后，冷却。

4. 用隔水炖锅融化牛奶巧克力（270页）。加入糖衣杏仁、薄脆片和榛子粉黄油，并用抹刀搅拌。把甜面皮放在方形慕斯模具中，用橡皮刮刀均匀地铺一层榛子脆皮。冷藏保存使脆皮变硬。

5. 制作百香果奶油，泡发明胶（270页）。蛋黄和鸡蛋加糖打发（279页）。同时，加热百香果泥。沸腾时，把一半百香果泥倒入鸡蛋和糖的混合物中。搅打。

6. 把百香果和鸡蛋的混合物倒入平底锅中，一边加热，一边搅拌。第一次沸腾时，端下平底锅，加入黄油和沥水明胶。先用打蛋器搅打，后搅拌2—3分钟。将混合物倒入另一容器中，冷藏至少2小时。

7. 制作芝麻牛轧，烤箱预热至180℃。轻轻焙炒芝麻10—15分钟（281页）。炒好的芝麻呈金黄色。

8. 制作牛轧糖（50页），用炒好的芝麻代替杏仁即可。擀制牛轧糖，冷却后，压碎。

9. 取出挞底，脱模。取出冷藏的奶油，搅打使之质地平滑。把奶油装入裱花袋中（12号裱花口），在榛子脆皮上（依照挞的宽度，一排4个奶油顶）制作奶油顶（275页）。裱奶油前，可先将挞切成6等份。然后把整个挞面装点满奶油顶。最后撒上牛轧碎。

百香果挞

巧克力挞

要点解析

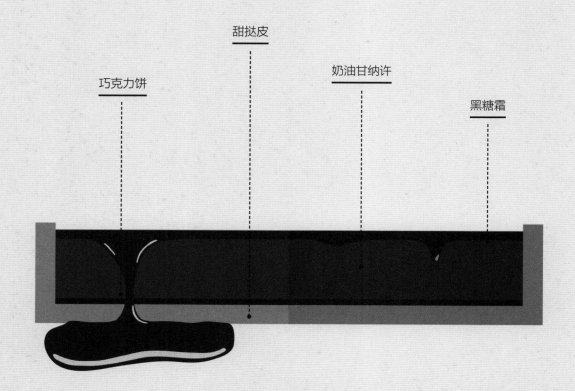

甜挞皮

奶油甘纳许

黑糖霜

巧克力饼

初识巧克力挞

甜挞皮搭配无面粉巧克力饼、奶油甘纳许和巧克力糖霜。

用时

准备时间：1小时。
烘焙时间：40分钟。
冷藏时间：3小时。

特殊工具

一个直径24厘米的圆形慕斯模具（或者8个直径8厘米的小挞圈）。

变式

巧克力香草挞：用香草慕斯代替奶油甘纳许（参考126页樱桃心圆顶慕斯蛋糕的制作方法）。
可可挞底：用30克可可粉代替30克面粉。

难点

糖霜。

手法

面皮垫底。（284页）

步骤

甜挞皮—巧克力饼—面团烘焙—甘纳许—糖霜。

准备

3
4

8人份巧克力挞

1. 甜挞皮

黄油	140克
糖霜	100克
杏仁粉	25克
鸡蛋	50克
盐	1克
面粉	170克

2. 无面粉巧克力饼

黄油	20克
可可含量66%的巧克力	70克
50%普罗旺斯杏仁膏	35克
蛋黄	15克
蛋白	80克
糖	30克

3. 奶油甘纳许

牛奶	250克
蛋黄	50克
糖	50克
黑巧克力	125克

4. 黑亮糖霜

水	120克
奶油	100克
糖	220克
苦可可	80克
明胶	8克

学做巧克力挞

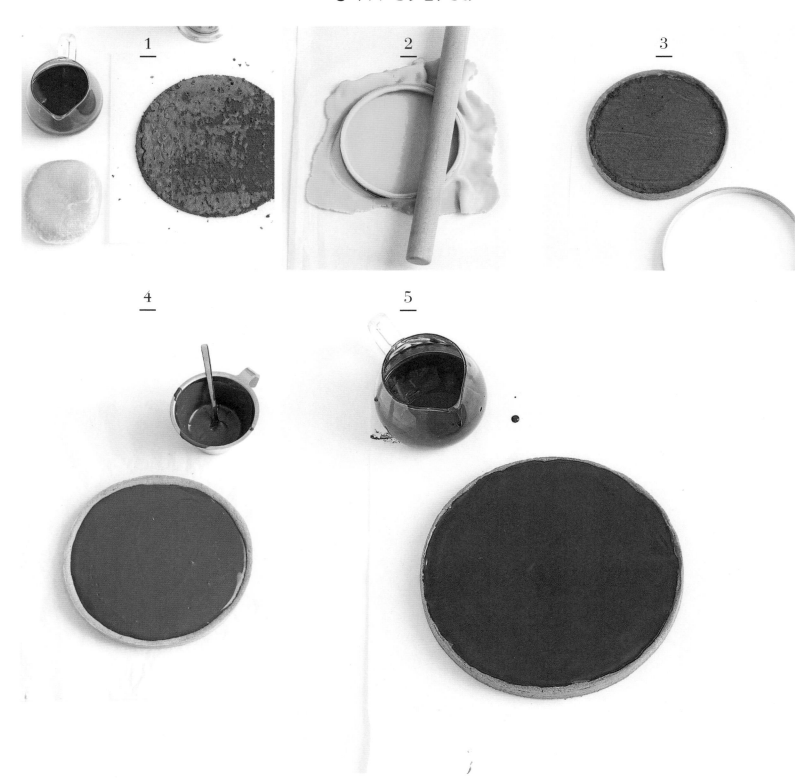

1. 制作甜挞皮（14页）。制作黑亮糖霜（76页），冷却。制作无面粉巧克力饼，烘焙后冷却，切成直径23厘米的蛋糕饼。

2. 提前30分钟取出甜挞皮。直径24厘米的圆形慕斯模具内部涂黄油，放在铺有烘焙纸的烤盘上。烤箱预热至150℃。工作台上撒一层面粉（284页）。把面团擀成2毫米厚的长方形面皮，慢慢掀起面皮，送气（284页）然后放在圆形慕斯模具中垫底。小心翼翼地在面皮上扎洞并按压（285页）。齐边切下多余的面皮。150℃烘烤25分钟。

3. 检查面皮是否烤好：烤好的面皮质地结实。取出烤好的面皮，冷却，脱模。在挞底放一层巧克力饼。

4. 制作奶油甘纳许（72页），把甘纳许倒入挞底直至离挞边2毫米处。冷藏1小时。

5. 用大勺把糖霜浇在挞中央，轻轻晃动挞底，使中间的糖霜向四周流淌。放在阴凉处保存。

巧克力挞

香草挞

要点解析

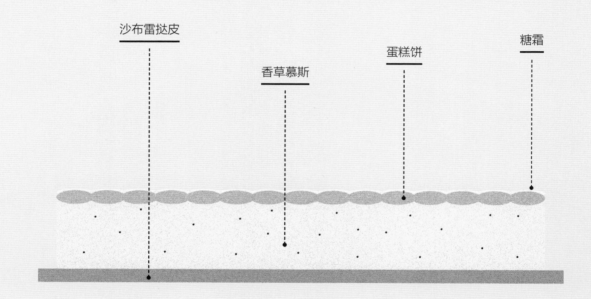

沙布雷挞皮

香草慕斯

蛋糕饼

糖霜

初识香草挞

本道香草挞用酥脆的沙布雷挞皮打底，上面是入口即溶的香草慕斯和松软的蛋糕饼。

用时

准备时间：1小时30分钟。
烘焙时间：35分钟。
冷冻时间：4小时。
冷藏时间：30分钟。

特殊工具

2个挞圈（直径22厘米和直径24厘米），
裱花袋（10号裱花嘴），
蛋糕围边。

难点

面团烘焙。
英式奶油。

手法

铺面粉。（270页）
面团底部送气。（284页）
用带裱花嘴的裱花袋。（272页）
泡发明胶。（270页）

步骤

沙布雷挞皮—香草蛋糕饼—香草慕斯。

准备

| 1 |
| 2 |
| 3 |
| 4 |

8人份香草挞

1. 沙布雷挞皮

面粉·····················200克
黄油·······················70克
盐···························1克
糖霜·······················70克
鸡蛋（1个）···············50克

2. 香草慕斯

英式奶油

香草荚·····················2个
蛋黄·······················60克
糖·························30克
明胶·························5克

打发奶油

液态奶油··················180克

3. 蛋糕饼

蛋白·····················100克
糖·························70克
香草荚·····················1个
杏仁粉·····················60克
糖霜·······················60克
面粉·······················15克

4. 装饰

糖霜·······················50克

165

学做香草挞

1. 制作沙布雷挞皮（12页）。提前30分钟从冰箱中取出面团。在工作台上撒一层面粉（270页）。把沙布雷挞皮擀成3毫米厚的面饼。慢慢掀起面皮，送气（284页）。用直径24厘米的挞圈在面皮上切出一个面饼，把面饼放在铺有烘焙纸的烤盘上。冷藏30分钟。烤箱预热至170℃，烘焙面皮15—20分钟。烤好的面皮呈均匀的金黄色。冷却。

2. 烤箱预热至185℃。制作蛋糕饼，需要先把杏仁粉、糖霜、面粉和香草籽过筛。

3. 用蛋白和糖制作法式蛋白霜（42页）。用筛子均匀地在蛋白霜中撒入杏仁粉和面粉的混合物，并用橡皮刮刀搅拌。

4. 在烘焙纸上画一个直径24厘米的圆圈。把制作蛋糕饼用的面糊装入裱花袋（10号裱花嘴），由内到外画一个螺旋蛋糕饼（272页）。

5. 烘焙15分钟，烤好的蛋糕饼表面呈金黄色，且很容易揭下蛋糕底部的烘焙纸。冷却。如果需要，可以把蛋糕饼切到直径为22厘米。挞圈内壁附一层蛋糕围边，把蛋糕饼放在挞圈里。

6. 制作香草慕斯，泡发明胶（270页）。制作英式奶油（60页），用奶油代替牛奶。

7. 当抹刀能挂住奶油时（最高85℃），加入沥水明胶，并搅打。过筛，封保鲜膜并在常温环境中冷却。

8. 用打发尚蒂伊奶油的方式打发奶油（62页）。把1/3奶油加在英式奶油中，用打蛋器大力搅打后，倒入剩下的2/3奶油，并用橡皮刮刀轻轻搅拌。把慕斯倒在蛋糕饼上，冷冻几个小时，最好是冷冻至第二天。

9. 脱模，取下蛋糕围边。把慕斯蛋糕饼放在油酥面皮上，蛋糕面朝上。

装饰

撒一层糖霜。

香草挞

山核桃挞

要点解析

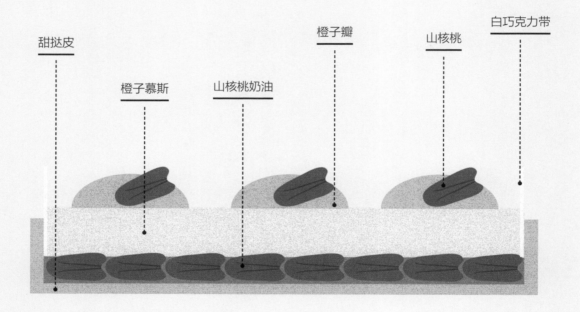

甜挞皮　　橙子慕斯　　山核桃奶油　　橙子瓣　　山核桃　　白巧克力带

初识山核桃挞

甜挞底装饰山核桃奶油、打发的橙子慕斯，再围一圈白巧克力。

用时

准备时间：1小时30分钟。
烘焙时间：45分钟。
冷冻时间：至少3小时。

特殊工具

直径24厘米的圆形慕斯模具，
蛋糕围边，
插入式搅拌机。

难点

橙子慕斯。
装饰巧克力带。

手法

泡发明胶。（270页）
去皮。（281页）
面皮垫底。（284页）
制作巧克力带。（86页）

步骤

甜挞皮—橙子慕斯—山核桃奶油—烘焙—打发—装点焦糖山核桃。

8人份山核桃挞

1. 甜挞皮

黄油·····················140克
糖霜·····················100克
杏仁粉····················25克
鸡蛋（1个）···············50克
盐·························1克
面粉·····················250克

2. 山核桃奶油

粗糖·····················165克
黄油······················65克
葡萄糖···················200克
鸡蛋（4个）···············200克
香草荚·····················1个
盐·························1克

桂皮·······················1克
山核桃···················150克

3. 橙子慕斯

橙汁（2个橙子）···········140克
橙皮·······················2个
糖························80克
鸡蛋（4个）···············200克
明胶·······················4克
黄油······················40克

爆炸奶油

水························20克
糖························80克
蛋黄······················80克

打发奶油

液态奶油（脂肪含量30%）···150克

4. 装饰

白巧克力·················100克
山核桃·····················8克
橙子·······················1个

学做山核桃挞

1. 制作甜挞皮（14页）。提前30分钟从冰箱取出面团。圆形慕斯模具内部涂黄油，放在铺有烘焙纸的烤盘上。烤箱预热至160℃。工作台上撒一层面粉（284页）。把面团擀成2毫米厚的面皮，慢慢掀起面皮，送气（284页），然后在圆形慕斯模具中用面皮垫底（284页）。小心翼翼地在面皮上扎洞并压上重物（285页）。烘烤15分钟。

2. 制作山核桃奶油，刮出一个香草荚的香草籽，加入黄油、粗糖和葡萄糖在平底锅中煮沸，并不时用抹刀搅拌。关火后，一边用打蛋器搅打，一边加入鸡蛋、盐和桂皮。把山核桃奶油倒入烘焙好的甜挞中，放一层山核桃，然后再烘焙20—30分钟。烘焙好的甜挞底部颜色均匀。脱模。

3. 制作橙子慕斯，泡发明胶（270页）。用小刨刀打皮（270页）。榨汁前揉软橙子。榨取140克汁。

4. 将鸡蛋打到宽口容器中，轻轻搅打。平底锅中加入橙皮、橙汁和糖，煮沸后浇到鸡蛋中，并大力搅打，以防液体过热烫熟鸡蛋。

5. 把橙子奶油倒入平底锅中，一边加热一边搅打。第一次沸腾时，端下平底锅，加入黄油和明胶。先搅打后搅拌2—3分钟。常温环境下冷却。

6. 打发奶油（277页），冷藏保存。制作爆炸奶油（58页），搅打至冷却。搅打橙子奶油，加入1/3尚蒂伊奶油。用橡皮刮刀加入爆炸奶油，然后加入剩下的打发奶油。圆形慕斯模具内部附一层蛋糕围边，放在铺有烘焙纸的烤盘上，把慕斯倒入圆形慕斯模具中，冷冻至少3小时，最好冷冻至第二天。

7. 冷冻慕斯脱模，放在甜挞的核桃层上，取下蛋糕围边。

8. 制作40厘米长的巧克力条，趁着巧克力条质地还柔软时，把它围在橙子慕斯周围。用20克糖制作焦糖，在8颗核桃仁上裹一层焦糖。用一个橙子的橙瓣装饰山核桃挞。

苹果焦糖油酥挞

要点解析

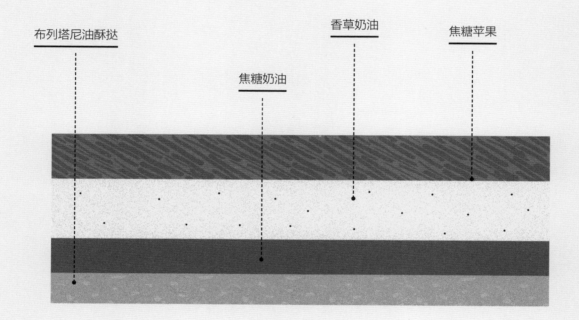

布列塔尼油酥挞　　焦糖奶油　　香草奶油　　焦糖苹果

初识苹果焦糖油酥挞

一层布列塔尼油酥挞打底，上面盖一层香草焦糖奶油，焦糖奶油和糖渍焦糖苹果。

用时

准备时间：2小时。
烘焙时间：2小时50分钟到3小时20分钟。
冷冻时间：4小时。
松醒时间：3小时。

特殊工具

12厘米×24厘米，高5厘米的方形慕斯模具，可微波的保鲜膜（可烘焙加热型），筛子。

变式

异国风情甜点：用芒果代替苹果。烘焙时间减少30分钟。

难点

焦糖苹果烘焙。

手法

泡发明胶。（270页）
无水焦糖。（278页）

步骤与保存

香草奶油—焦糖奶油—焦糖苹果—布列塔尼油酥挞—组装。

准备

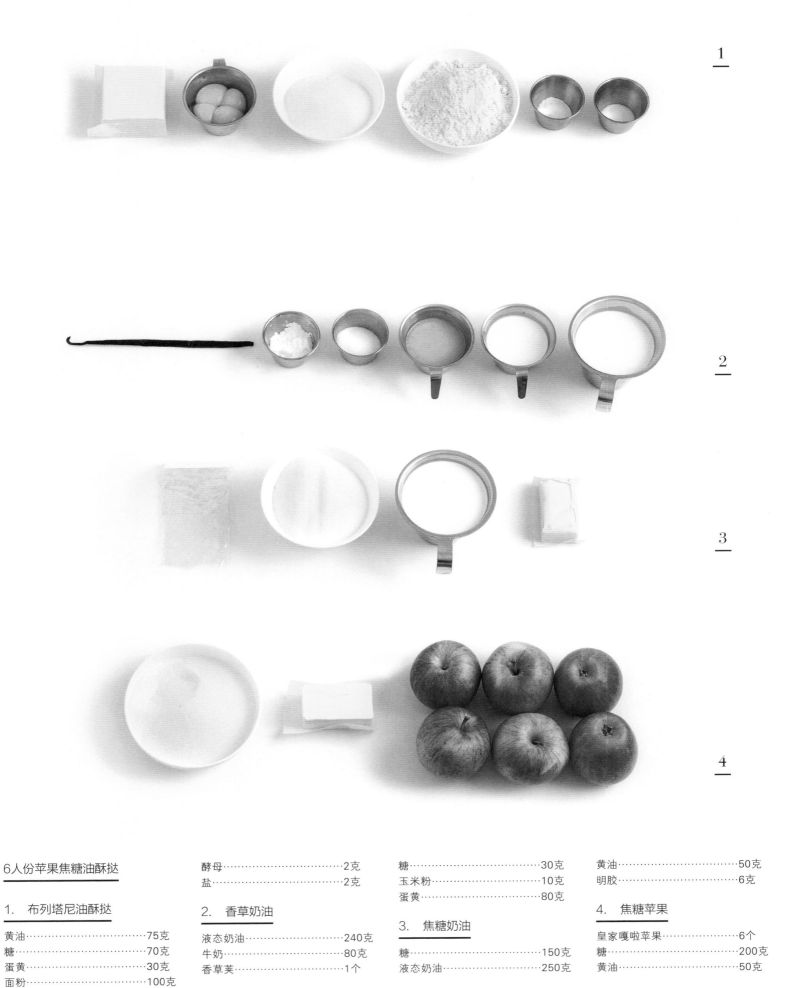

6人份苹果焦糖油酥挞

1. 布列塔尼油酥挞

黄油·····················75克
糖·······················70克
蛋黄·····················30克
面粉·····················100克

酵母·····················2克
盐·······················2克

2. 香草奶油

液态奶油·················240克
牛奶·····················80克
香草荚···················1个

糖·······················30克
玉米粉···················10克
蛋黄·····················80克

3. 焦糖奶油

糖·······················150克
液态奶油·················250克

黄油·····················50克
明胶·····················6克

4. 焦糖苹果

皇家嘎啦苹果·············6个
糖·······················200克
黄油·····················50克

学做苹果焦糖油酥挞

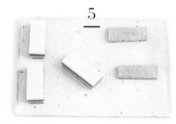

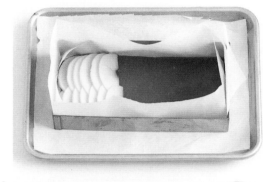

1. 制作布列塔尼油酥挞。烤箱预热至170℃。揉和黄油，直至黄油呈软膏状（276页）。加糖，用抹刀搅拌（大力搅拌至奶油状，276页）。加入蛋黄、面粉、酵母和盐，搅拌均匀。烤盘铺上烘焙纸，把面糊倒在方形慕斯模具里，找平，烘焙20—30分钟。

2. 出炉后，稍晾几分钟后，用刀子沿着方形慕斯模具划一圈，方便下一步脱模。趁热把油酥挞切成4厘米宽的长条，防止在切的过程中油酥挞破碎。

3. 制作香草奶油。烤箱预热至90℃。在宽口容器中加入蛋黄、糖和玉米粉，用打蛋器搅打。平底锅中加热牛奶、奶油和去籽香草荚，一边加热，一边搅打。第一次沸腾时，加入过筛的打发蛋黄，搅拌。方形慕斯模具内覆一层保鲜膜，倒入香草奶油，用烤箱加热30—50分钟。

当晃动圆形慕斯模具时，奶油不再移动即可。出炉后，先常温静置冷却，冷冻1小时。

4. 香草奶油冷却后，制作焦糖奶油。泡发明胶（270页）。制作焦糖酱（90页），加入黄油和沥水明胶。搅拌后，静置冷却（奶油温度不超过30℃）。把焦糖奶油浇在香草奶油上，冷冻3小时。

5. 取出焦糖奶油，脱模并取下保鲜膜。比照油酥挞的尺寸，把焦糖奶油切成小长方形。把焦糖奶油放在油酥挞上。

6. 制作焦糖苹果，烤箱预热至160℃。苹果去皮切成薄片。用制作焦糖酱的方法制作焦糖（90页），即将结束加热时，加入黄油，然后搅拌。先把一半焦糖倒入方形慕斯模具中，铺上一层苹果片，再倒入剩下的一半焦糖。烘烤1小时，把烤箱温度调低至120℃后继续烘烤1小时。焦糖苹果表面盖一层烘焙纸，压上重物（比如一盒牛奶），松醒至少3小时。

7. 脱模，按照油酥挞的尺寸，用锯齿刀把焦糖苹果切成小长方形，最后把焦糖苹果放在香草奶油层上即可。

苹果焦糖油酥挞

手指巧克力泡芙

要点解析

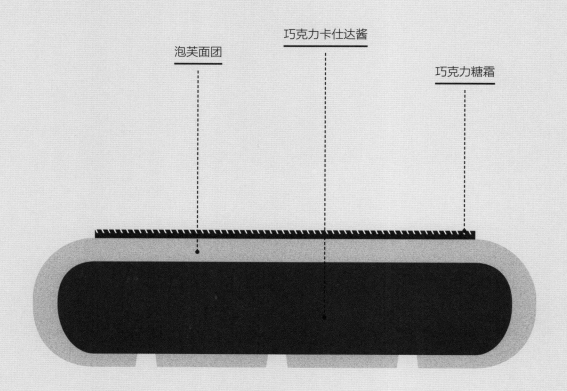

泡芙面团　　　巧克力卡仕达酱　　　巧克力糖霜

初识手指巧克力泡芙

手指形泡芙面团，装饰以巧克力卡仕达酱和巧克力糖霜。

用时

准备时间：45分钟。
烘焙时间：30—45分钟。
松醒时间：2小时。

特殊工具

3个裱花袋，
12号裱花嘴，
6号裱花嘴。

变式

冰糖糖霜（色泽更光亮，口味更清淡）：80克白冰糖（80页）+10克融化的黑巧克力。

难点

手指泡芙烘焙（自20分钟起需要特别注意加热）。
糖霜。

手法

用带裱花嘴的裱花袋。（272页）
用隔水炖锅加热。（270页）
手指泡芙裹糖霜。（282页）

步骤

泡芙面团—烘焙—奶油—装饰—糖霜。

准备

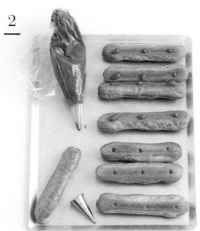

15个手指巧克力泡芙

1. 泡芙面团

水	100克
牛奶	100克
黄油	90克
盐	2克
糖	2克
面粉	110克
鸡蛋（4个）	200克
打发鸡蛋	1个

2. 卡仕达酱

牛奶	500克
蛋黄	100克
糖	120克
玉米粉	50克
黑巧克力	120克

3. 巧克力糖霜

黑巧克力	200克
白巧克力	50克

1. 烤箱预热至230℃。烤盘铺上烘焙纸。制作泡芙面糊（30页），用裱花袋（12号裱花嘴）做成15厘米长的手指形。烘烤前，在泡芙上涂一层打发鸡蛋。烤箱降至170℃，烘焙。20分钟后，打开烤箱放出蒸汽，立即关上烤箱门。继续烘焙25分钟，直至泡芙色泽均匀。取出泡芙放在网架上冷却。

2. 隔水炖锅融化巧克力（270页）。制作卡仕达酱（53页），加热结束时，加入融化的巧克力，冷却。打发奶油至乳状。把奶油装入裱花袋（6号裱花嘴）。用刀尖在泡芙底部打眼，以便用裱花袋给泡芙注射奶油，掂量一下：装上奶油的泡芙变沉。

3. 隔水炖锅融化黑巧克力（270页）。把泡芙蘸在融化的黑巧克力酱里。沥下多余的巧克力酱，边缘用手指抹匀。隔水炖锅融化白巧克力，装入裱花袋，在裱花袋末端剪开一个小口。在手指泡芙上画几道白巧克力线。冷藏2小时。

咖啡修女泡芙

要点解析

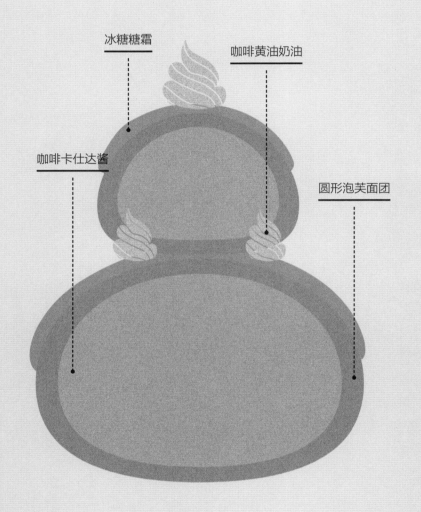

冰糖糖霜

咖啡黄油奶油

咖啡卡仕达酱

圆形泡芙面团

初识咖啡修女泡芙

大泡芙面团上叠一个小泡芙团，裹上咖啡卡仕达酱，最后用咖啡黄油奶油和冰糖糖霜上色。

用时

准备时间：45分钟。
烘焙时间：20—40分钟。
冷藏时间：4小时。

特殊工具

裱花袋，
12号裱花嘴，
6号裱花嘴。

凹式裱花嘴，
2个硅胶半球模型板（直径分别为8厘米和3厘米），
温度计。

变式

经典糖霜：把泡芙面团浸在热糖霜中，并用手指刮走多余糖霜。
巧克力修女泡芙：用200克巧克力制作巧克力卡仕达酱，用30克可可制作糖霜。

手法

用带裱花嘴的裱花袋。（272页）
烘烤。（281页）
制作泡芙面团。（282页）

技巧

用葡萄糖制作糖霜，温度更高。

步骤

卡仕达酱—泡芙面团—糖霜—黄油奶油。

准备

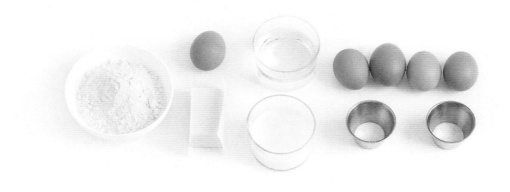

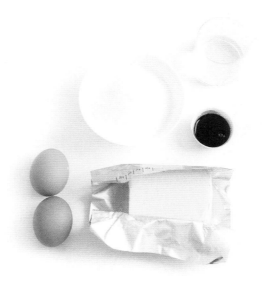

12个咖啡修女泡芙

1. 泡芙面团

水	100克
牛奶	100克
黄油	90克
盐	2克
糖	2克

面粉	110克
鸡蛋（4个）	200克
鸡蛋（上色用）	1个

2. 咖啡卡仕达酱

牛奶	500克
蛋黄	100克
糖	120克
玉米粉	50克

咖啡粉	100克

3. 黄油奶油

鸡蛋（2个）	100克
水	40克
糖	130克
黄油	200克
咖啡香精	15克

4. 冰糖

冰糖	400克
咖啡香精	10克
葡萄糖浆	30克

学做咖啡修女泡芙

1

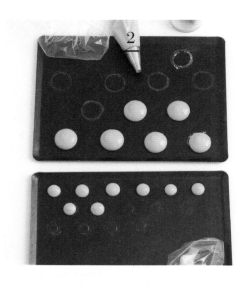

2

3

4

5

6

1. 制作咖啡卡仕达酱，把咖啡粉放在烤盘中，160℃下烘烤（281页）15分钟。牛奶倒入平底锅中，加入咖啡粉，盖上锅盖浸泡30分钟，咖啡牛奶过筛。如有需要，可以补充牛奶，使其重量始终保持在500克。按照（53页）方法制作卡仕达酱。

2. 烤箱预热至230℃。制作泡芙面团（30页）。在铺有烘焙纸的烤盘上，用裱花袋（12号裱花嘴）做12个直径4厘米、高2厘米的大泡芙。在另一个烤盘上，用裱花袋制作直径1.5厘米、高1厘米的小泡芙。烘焙前，在泡芙上涂一层充分打发的鸡蛋。烤箱温度降至170℃，烘焙泡芙。20分钟后，打开烤箱门放出蒸汽后，再关上烤箱门。先取出小泡芙，后取出大泡芙，烤好的泡芙表面颜色均匀。

3. 用刀尖在泡芙底部打眼，用裱花袋（6号裱花嘴）给泡芙注射（282页）咖啡卡仕达奶油。

4. 平底锅中加入冰糖、咖啡香精和葡萄糖。一边用抹刀搅拌，一边加热至35℃。

5. 把咖啡冰糖装入裱花袋中，在裱花袋末端剪一个小口（272页）。8厘米的半球模型中，挤入深约2厘米的冰糖，3厘米的模型中，挤入深约1厘米的冰糖。把泡芙正面朝下放在冰糖半球模型中，并轻轻按压。

6. 制作咖啡黄油奶油（54页）。把奶油装入裱花袋中（6号凹式裱花嘴）。把小泡芙叠在大泡芙上。在两个泡芙之间装饰一圈火焰形裱花，在小泡芙顶上制作一朵圆形裱花。冷藏2小时即可食用。

咖啡修女泡芙

开心果脆泡芙

要点解析

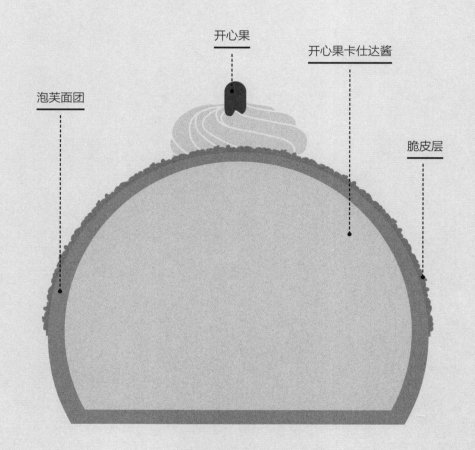

开心果

泡芙面团

开心果卡仕达酱

脆皮层

初识开心果脆泡芙

开心果奶油泡芙，外面包裹一层脆皮层，最后用开心果奶油做装饰。

用时

准备时间：45分钟。
烘焙时间：20—45分钟。
冷藏时间：3小时。

特殊工具

直径3厘米的圆形切模，
裱花袋，
10号裱花嘴，
6号裱花嘴，
8号凹式裱花嘴。

难点

泡芙面团。
泡芙烘焙。（282页）

手法

用带裱花嘴的裱花袋。（272页）
烘焙前在甜点上涂一层蛋液。（270页）

步骤

脆皮面团—卡仕达酱—泡芙面团—组合。

技巧

脆皮层不仅给泡芙带来松脆的口感，还会让泡芙看起来更匀称。

20—25个泡芙

泡芙面团

水	100克
牛奶	100克
黄油	90克
盐	2克
糖	2克
面粉	110克
鸡蛋（4个）	200克

鸡蛋液

打发鸡蛋	1个

学做开心果脆泡芙

1

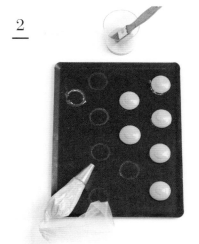

2

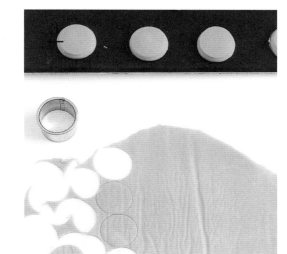

4

6

脆皮层

软黄油	35克
粗糖	45克
面粉	45克

卡仕达酱

牛奶	1升
蛋黄	200克
糖	240克
面粉	100克
黄油	125克
开心果膏	40克

装饰

无盐开心果	50克

1. 将所有制作脆皮层需要用到的原料都放在宽口容器中，用抹刀搅拌均匀。搅拌均匀后，把面团放在两层烘焙纸中间，擀成2毫米厚的面皮。冷藏。

2. 制作卡仕达酱（53页）。加热结束后，加入开心果膏，搅打。把搅打均匀的卡仕达酱盛在另一个容器中，封上保鲜膜，冷藏。

3. 烤盘里铺一层烘焙纸。制作泡芙面团（30页）。将面团装在裱花袋中（10号裱花嘴），做20—25个直径4厘米的泡芙，注意保持适当间距（282页）。泡芙表面涂一层蛋液。

4. 取出脆皮层面皮，揭下上面的烘焙纸。翻过来再揭下第二层烘焙纸。用直径3厘米的圆形切模切出相应数量的脆皮饼，放在泡芙上面。

5. 烤箱预热至230℃。再将温度降至170℃，烘焙甜点。20分钟时，打开烤箱门放出蒸汽。再烤20分钟，直至泡芙色泽均匀。把烤好的泡芙放在网架上，冷却。

6. 用打蛋器搅打卡仕达酱几分钟，使之呈乳状。用凹式裱花嘴在泡芙底部打眼。装在裱花袋里，用其中的2/3给泡芙注射奶油（6号裱花嘴）。泡芙在手里膨胀时，意味着已经装满奶油了。剩下的1/3奶油（凹式裱花嘴）制作泡芙顶部的裱花。最后用一颗开心果做点缀即可。

巴黎—布雷斯特泡芙

要点解析

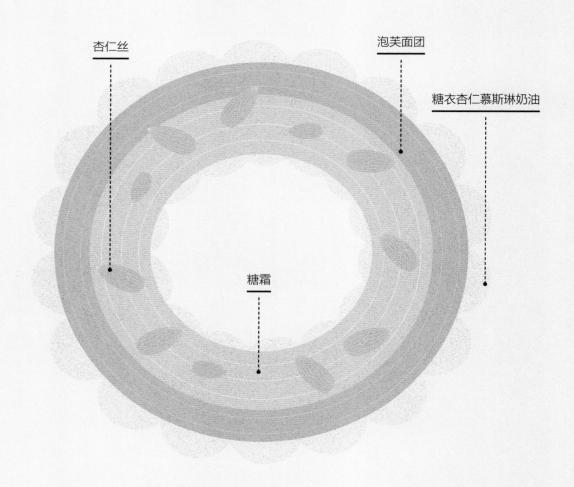

杏仁丝

泡芙面团

糖衣杏仁慕斯琳奶油

糖霜

初识巴黎—布雷斯特泡芙

著名的泡芙甜点，表面撒着杏仁丝，中间裹着杏仁糖慕斯琳奶油。

用时

准备时间：45分钟。
烘焙时间：40分钟。
冷藏时间：3小时。

特殊工具

裱花袋，
10号裱花嘴，
锯齿刀。

变式

经典款：泡芙会被做成圆环状（为了纪念在巴黎和布雷斯特之间的自行车公开赛，巴黎蛋糕店参考自行车轮形状所设计出的外形）。

难点

泡芙面团。
泡芙烘焙。（282页）

手法

使用带有裱花嘴的裱花袋。（272页）
用裱花袋制作泡芙。（282页）
用蛋液上色。（270页）

步骤

卡仕达酱—泡芙面团—慕斯琳奶油酱—组装。

12个巴黎-布雷斯特泡芙

水	100克
牛奶	100克
黄油	90克
盐	2克
糖	2克
面粉	110克
鸡蛋（4个）	200克

蛋液上色

打发鸡蛋	1个

学做巴黎—布雷斯特泡芙

2、3

慕斯琳奶油

牛奶	500克
面粉	100克
糖	120克
玉米粉	50克
黄油	120克
杏仁糖	160克
软黄油	120克

装饰

糖霜、杏仁丝。

1. 烤箱预热至230℃。制作泡芙面团（30页）。将泡芙面团装入裱花袋里（10号裱花嘴），在铺有烘焙纸的烤盘上或者防沾金属烤盘上，制作6个小泡芙连在一起的泡芙排。泡芙涂抹蛋液后，再撒上杏仁丝。

2. 烘焙泡芙时，把烤箱温度调至170℃。20分钟后，打开烤箱门放出蒸汽。继续烘焙20分钟，直至泡芙颜色均匀。把烤好的泡芙放在网架上冷却。

3. 制作慕斯琳奶油（57页）。加热结束后，放入杏仁糖。冷却。

4. 巴黎—布雷斯特泡芙冷却后，用锯齿刀从中间把泡芙横向切成两半。奶油装入裱花袋中（10号裱花嘴），在泡芙里面制作奶油顶，盖上另一半泡芙。食用前撒一层糖霜。

圣托雷诺奶油糕

要点解析

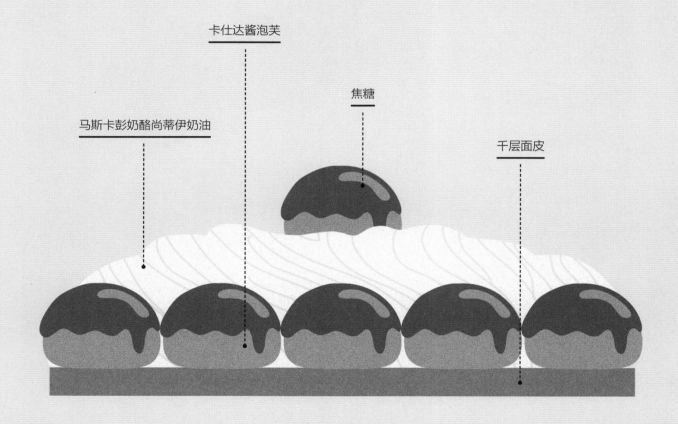

卡仕达酱泡芙

焦糖

马斯卡彭奶酪尚蒂伊奶油

千层面皮

初识圣托雷诺奶油糕

用千层面皮打底，装饰以尚蒂伊奶油的泡芙蛋糕。

用时

准备时间：1小时。
烘焙时间：20—30分钟。
冷藏时间：3小时。

特殊工具

4个裱花袋，
6号裱花嘴，
8号裱花嘴，

10号裱花嘴，
圣托雷诺裱花嘴，
直径24厘米的圆形慕斯模具，
食物搅拌器或电动打蛋器。

变式

经典版：用裱花袋把奶油做成连续的波浪形。
（283页）
方形版：把千层面皮切成长方形，沿着面皮的长边摆放泡芙。中间用裱花袋把奶油做成波浪形。

难点

奶油装饰。
烘焙泡芙（282页）。

手法

用带裱花嘴的裱花袋。（272页）
用圣托雷诺裱花嘴。（273页）
准备焦糖。（48页）
泡芙裹糖霜。（282页）
蛋液上色。（272页）

步骤

千层面皮—泡芙面团—用裱花袋制作—烘焙—焦糖卡仕达酱—组合—马斯卡彭奶酪尚蒂伊奶油—装饰。

准备

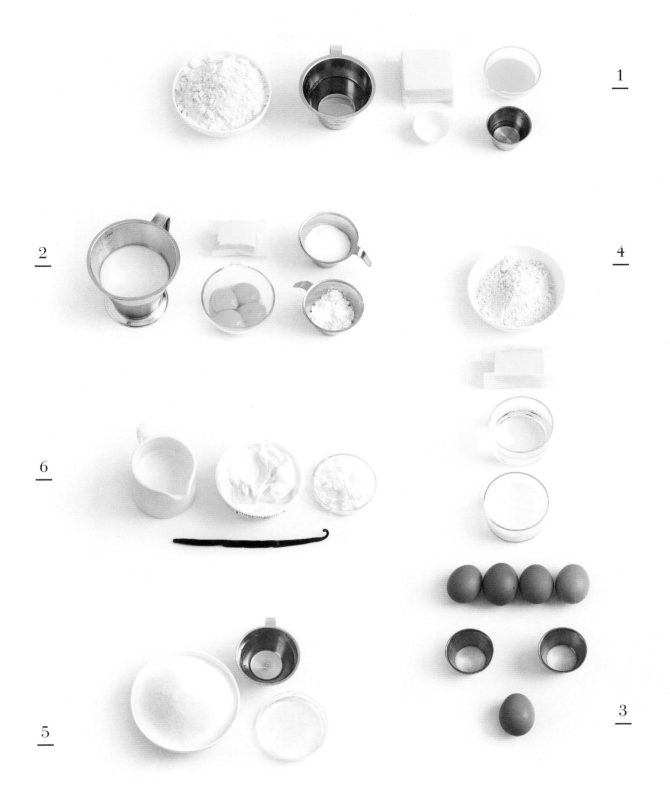

8人份圣托雷诺奶油糕

1. 千层面皮

面粉·····················250克
水·······················100克
白醋······················10克
盐························5克
融化黄油···················30克
黄油·····················150克

2. 泡芙面团

水·······················100克
牛奶······················100克
黄油······················90克
盐························2克
糖························2克
面粉······················100克
鸡蛋（4个）·················200克

3. 蛋液上色

打发鸡蛋····················1个

4. 卡仕达酱

牛奶······················250克
蛋黄······················50克
糖························60克
玉米粉·····················25克
黄油······················60克

5. 焦糖

水·······················100克
糖························350克
葡萄糖浆····················70克

6. 马斯卡彭奶酪尚蒂伊奶油

液态奶油····················150克
马斯卡彭奶酪··················150克
糖霜······················40克
香草荚·····················1个

学做圣托雷诺奶油糕

1. 制作千层面皮（18页），擀成2毫米厚的面皮。放在铺有烘焙纸的烤盘上，冷藏30分钟。在面皮上扎上小孔，并用直径24厘米的圆形慕斯模具把面皮切成饼。

2. 烤箱预热至230℃。制作泡芙面团（30页）。把面团放在裱花袋中（8号裱花嘴），在铺有烘焙纸的烤盘上或者防沾金属烤盘上，制作20个直径2厘米的泡芙。在泡芙上涂上蛋液，烘焙。20分钟后，打开烤箱门放出蒸汽。再烘焙20分钟，直至泡芙色泽均匀。

3. 把剩下的泡芙面团放在另一个裱花袋中（10号裱花嘴）。取出千层面皮。在离边上1厘米处的地方，先画一个泡芙面团圈，然后在中间画一个螺旋圈。涂上蛋液。放入烤箱，170℃烘

焙20—30分钟。掀起千层面皮，烤好的面皮呈均匀的黄色。

4. 制作卡仕达酱（53页）。冷却，搅打成乳状。注射在泡芙中（6号裱花嘴）（282页）。

5. 制作焦糖（48页），焦糖色泽变亮时停止加热。冷却，让焦糖质地变浓稠。把泡芙凸面浸入焦糖中。取出泡芙，让焦糖霜慢慢变硬。如果焦糖冷却变得太硬，可以微微加热。

6. 泡芙底部蘸焦糖，把泡芙粘在千层面皮的泡芙圈上。冷却。

7. 制作马斯卡彭奶酪尚蒂伊奶油。在宽口容器中放入马斯卡彭奶酪、糖霜、香草和50克奶油。轻轻搅打后，呈流线形滴入剩下的奶油。混合物质地均匀后，像搅打尚蒂伊奶油一样，加速搅打。在圣托雷诺奶油糕中间抹一层奶油，用抹刀抹平。剩下的奶油装入裱花袋中（圣托雷诺裱花嘴），在甜点中间装饰奶油花。

泡芙塔

要点解析

杏仁膏花

裹焦糖的奶油泡芙

牛轧底座

初识泡芙塔

牛轧糖打底，叠上焦糖奶油泡芙制作的泡芙塔。

用时

准备时间：3小时。
烘焙时间：40分钟。
冷藏时间：3小时。

特殊工具

2个裱花袋，
1个8号裱花嘴，
1个6号裱花嘴，
直径18厘米的圆形慕斯模具，
直径7厘米的圆形慕斯模具（或者牛轧糖专用圆形切模），
擀面杖（或者牛轧糖专用擀面杖）。

变式

冰糖糖霜。

难点

组装。
泡芙烘焙（282页）。

手法

用带裱花嘴的裱花袋。（272页）
用蛋液给泡芙上色。（270页）
给泡芙注射奶油。（282页）
准备焦糖。（48页）

步骤

卡仕达酱—泡芙面团—牛轧—给泡芙注射奶油并裹焦糖—组装—装饰。

准备

学做泡芙塔

1. 制作泡芙面团（30页）。烤箱预热至230℃。把泡芙面团装入裱花袋，用8号裱花嘴，制作直径2厘米的泡芙。用打发蛋液涂抹泡芙表面。烤箱温度降至170℃，烘焙泡芙。20分钟后，打开烤箱放出蒸汽。再烘焙20分钟，直至泡芙表面颜色均匀。

2. 制作卡仕达酱（53页），把香草荚放入牛奶中。将制作好的卡仕达酱装入另一容器中，封上保鲜膜后冷藏。

3. 制作牛轧（51页）。工作台上抹油。用抹刀将牛轧糖由周围向中间翻动，使温度均匀。用抹油的擀面杖或者牛轧糖专用擀面杖把牛轧糖擀成3—4毫米厚的糖饼。用直径18厘米的圆形慕斯模具切牛轧糖饼。如果牛轧糖质地过硬，可以用不锈钢平底锅敲圆形慕斯模具。

4. 用直径7厘米的圆形慕斯模具，把牛轧糖切成半月形。常温冷却。

5. 将卡仕达酱搅打成乳状。用刀尖在泡芙底部打眼。把卡仕达酱装入裱花袋（6号裱花嘴）给泡芙注射奶油。制作焦糖（48页），焦糖色泽变亮时停止加热。冷却，让焦糖质地变浓稠。把泡芙浸入焦糖中。取出泡芙，让焦糖霜慢慢变硬。

6. 直径18厘米的圆形慕斯模具抹油，放在铺有烘焙纸的烤盘上，开始组装泡芙：把泡芙浸在焦糖中（周边和底部）。然后一个一个粘在一起，泡芙凸面朝向圆形慕斯模具。第一层13个泡芙，第二层12个泡芙，依次递减。将泡芙圈一层一层粘起来后，越上面的泡芙层越朝里倾向，以形成锥塔状。如果焦糖变硬的话，就重新融化一下。脱模。

7. 牛轧饼放在圆形慕斯模具中间。用焦糖把半月形牛轧粘在牛轧饼上，凹月面朝向圆形慕斯模具。

8. 用汤匙把泡芙塔放在牛轧饼上。用焦糖固定泡芙塔。

9. 制作皇家糖霜（81页），装在小漏斗或者裱花袋里，涂抹在牛轧半月形角上。

装饰

用杏仁膏花朵装饰泡芙塔。（82页）

泡芙塔

布里欧修

要点解析

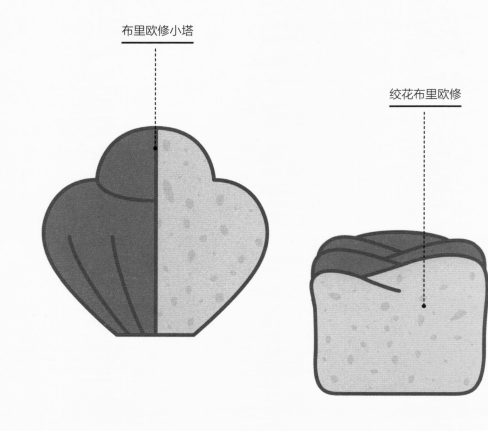

布里欧修小塔

绞花布里欧修

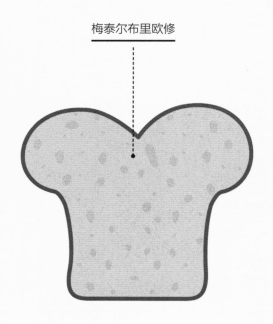

梅泰尔布里欧修

初识布里欧修

用发面面团制作的花式面包，空气感十足。

用时

准备时间：1小时。
发酵时间：1小时30分钟到2小时。
烘焙时间：12—45分钟。
冷却时间：12—45分钟。

特殊工具

梅泰尔布里欧修：类似蛋糕模的长方形布里欧修专用模。
布里欧修小塔：布里欧修凹式模。

变式

香草布里欧修：面团中加入15克香草液。
柑橘类布里欧修：面团中加入柑橘类果汁。

手法

滚圆。（284页）
除气。（284页）
蛋液上色。（270页）

步骤

面团—松醒—成型—松醒—烘焙。

1个梅泰尔布里欧修

（或1个绞花布里欧修或2个布里欧修小塔）

1.　布里欧修面团

鲜面包酵母·······················20克
面粉·····························400克
盐·······························10克
糖·······························40克
鸡蛋····························250克
黄油····························200克

学做布里欧修

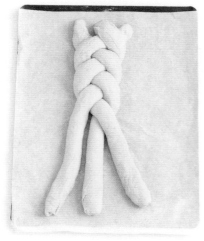

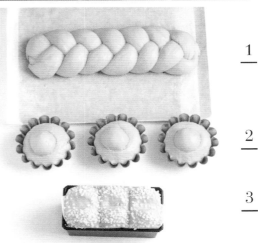

1

2

3

2. 装饰

粗糖加1个打发鸡蛋。

1. 绞花布里欧修

从冰箱取出面团，除气（284页）。分成3个300克的面团，滚圆（284页）后，滚成棒状。编成麻花状，放在铺有烘焙纸的烤盘上。烤箱温度调至30℃，把面团放在烤箱中发酵1小时30分钟到2小时：布里欧修体积变成两倍。

2. 布里欧修小塔

从冰箱中取出面团，除气（284页）。分成2个450克的面团，滚圆（284页）。用手掌一侧压在面团约2/3的位置处，形成布里欧修的"脑袋"。把面团大的部分放入凹式模中，用食指按压面团"脑袋"与"身体"衔接的缝隙。烤箱温度调至30℃，把面团放在烤箱中发酵1小时30分钟到2

小时：布里欧修体积变成两倍。

3. 梅泰尔布里欧修

从冰箱中取出面团，除气（284页）。分成4个220克的面团，滚圆（284页）。蛋糕模里铺一层烘焙纸，放上四个面团。烤箱温度调至30℃，把面团放在烤箱中发酵1小时30分钟到2小时：布里欧修体积变成两倍。用锯齿刀纵向切开面团，撒上粗糖。

烘焙

烤箱预热至200℃。用刷子刷一层蛋液上色。烘焙30分钟。从烤箱中取出布里欧修，脱模。根据形状和大小不同，放在网架上冷却12—45分钟。

朗姆粑粑

要点解析

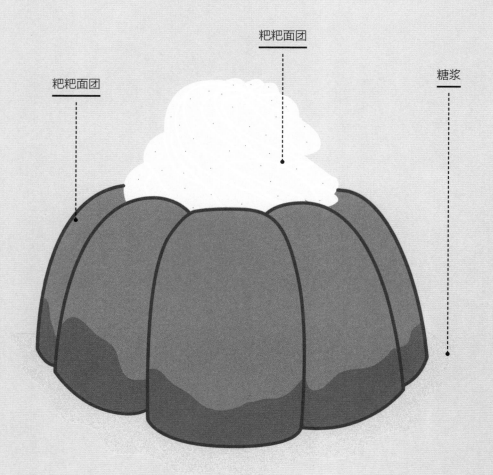

粑粑面团

粑粑面团

糖浆

初识朗姆粑粑

用发面面团打底的蛋糕，烤熟干燥后，浸入糖浆中。

用时

准备时间：20分钟。
揉和时间：30—45分钟。
发酵时间：1小时30分钟到2小时。
烘焙时间：30分钟到1小时。
松醒时间：1小时到3天。

特殊工具

直径22厘米的粑粑专用模（类似奶油圆蛋糕模），
裱花袋，
宽口容器或平底锅，
比宽口容器小的圆网架，
食品用绳。

变式

经典粑粑：揉好面团后，加入50克葡萄干，把粑粑浸入朗姆糖浆中。
经典形状：小瓶塞状（10个50克的粑粑），用萨瓦兰蛋糕模。

难点

蛋糕浸入温热的糖浆中。
揉粑粑面团。

手法

制作糖浆。（278页）

步骤

面团—糖浆—浸泡—奶油。

技巧

为了使粑粑充分吸收糖浆，可以将粑粑放在通风处干燥2—3天。
浸泡技巧：容器中倒满糖浆，放入粑粑蛋糕，再盖一个烤盘。浸泡15分钟后，再把粑粑翻过来浸泡另一边。

准备

8个朗姆粑粑

1. 粑粑

面包用酵母	15克
面粉	250克
鸡蛋	100克
盐	5克

糖	15克
牛奶	130克
黄油	75克
朗姆酒	

2. 糖浆

水	750克
糖	350克

豆蔻粒	3个
茴香	半颗
香草荚	1个
桂皮筒	半个

3. 尚蒂伊奶油

液态奶油（脂肪含量30％）	250克
糖霜	40克

195

学做朗姆粑粑

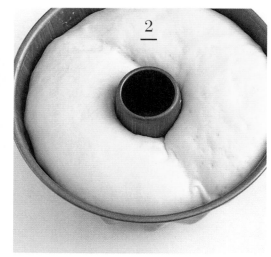

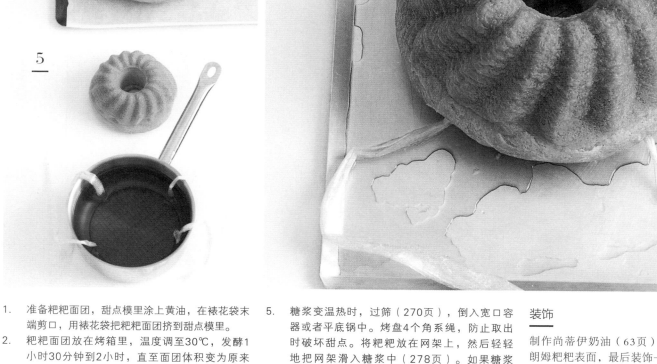

1. 准备粑粑面团，甜点模里涂上黄油，在裱花袋末端剪口，用裱花袋把粑粑面团挤到甜点模里。

2. 粑粑面团放在烤箱里，温度调至30℃，发酵1小时30分钟到2小时，直至面团体积变为原来的两倍。

3. 制作糖浆，平底锅中加入水、糖和香料，煮沸。停止加热，盖上锅盖，使糖浆充分入味，冷却。

4. 烤箱预热至160℃。烘焙粑粑面团30—45分钟，脱模后重新放入烤箱15分钟，让面团变干燥。冷却。为了使粑粑充分吸收糖浆，可以将粑粑放在通风处干燥3天。

5. 糖浆变温热时，过筛（270页），倒入宽口容器或者平底锅中。烤盘4个角系绳，防止取出时破坏甜点。将粑粑放在网架上，然后轻轻地把网架滑入糖浆中（278页）。如果糖浆变凉，可以微微加热，朗姆粑粑的口感会更柔软。

6. 从糖浆中取出粑粑时，轻轻按压，注意不要压碎。放在网架上沥水1分钟。

装饰
——
制作尚蒂伊奶油（63页）。用刷子把奶油涂抹在朗姆粑粑表面，最后装饰一朵尚蒂伊奶油花。

甜挞

要点解析

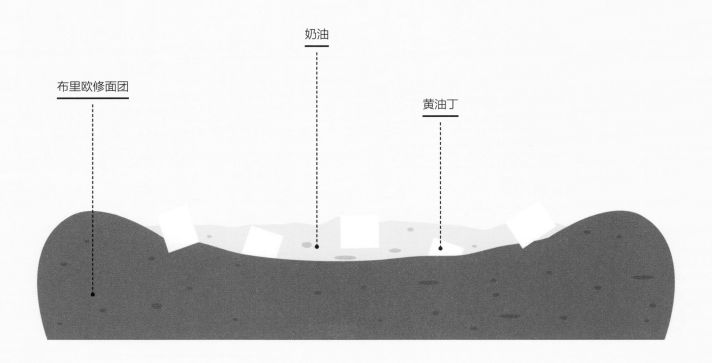

奶油

布里欧修面团

黄油丁

初识甜挞

布里欧修挞打底，再盖一层甜奶油的挞式甜品。

用时

准备时间：45分钟。
发酵时间：1小时30分钟到2小时。
烘焙时间：20—30分钟。

特殊工具

直径24厘米的重油糕点模。

变式

用橙花或柑橘类果皮增加甜点的香味。

难点

发酵。

步骤

布里欧修面团—加工—发酵—装饰—烘焙。

学做甜挞

8人份甜挞

布里欧修面团

鲜面包酵母·····················5克
面粉···························100克
盐·····························3克
糖·····························10克
鸡蛋···························65克
黄油···························50克

装饰

粗糖···························60克
液态奶油（脂肪含量30%）···30克

黄油···························60克
蛋黄···························20克

1. 制作布里欧修面团（20页）。从冰箱中取出后，除气（284页）。重油蛋糕模中铺一层烘焙纸，把面团放入模具中，用掌心按压，确保面团充实整个模具。发酵：或放在30℃的烤箱中，或在常温环境下。1小时30分钟到2小时后：布里欧修面团体积增大至原来的两倍。

2. 烤箱预热至180℃。每隔3厘米，用叉子在面团上戳洞。撒上粗糖。奶油加入蛋黄搅打，然后浇在面皮上。再撒一些黄油丁，烘焙20分钟到30分钟。冷却后脱模。

圣特罗佩挞

要点解析

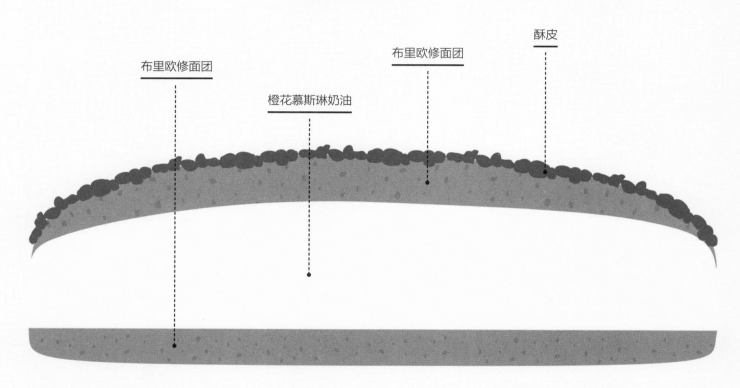

布里欧修面团   橙花慕斯琳奶油   布里欧修面团   酥皮

初识圣特罗佩挞

布里欧修挞打底，覆盖一层橙花慕斯琳奶油，最上面是粗糖酥皮。

用时

准备时间：1小时。
发酵时间：1小时30分钟到2小时。
烘焙时间：20分钟。
冷藏时间：2小时。

特殊工具

直径24厘米的重油糕点模或者圆形慕斯模具，
裱花袋，
14号裱花嘴，
锯齿刀。

变式

香草圣特罗佩挞：用一个香草荚的香草籽代替橙花。

难点

擀布里欧修面皮。

手法

使用带裱花嘴的裱花袋。（272页）
抹面处理。（284页）
面团除气。（284页）
蛋液上色。（270页）

技巧

布里欧修面团充分松醒，以便擀成均匀的面皮。

步骤

布里欧修面团—卡仕达酱—布里欧修—制作—发酵—烘焙—装饰慕斯琳奶油—装饰。

8人份圣特罗佩挞

布里欧修面团

面包**酵母**	10克
面粉	200克
盐	5克
糖	20克
鸡蛋	125克
黄油	100克

橙花慕斯琳奶油

牛奶	500克
蛋黄	100克
糖	120克
玉米粉	50克
黄油	125克
橙花	30克
软黄油	125克

学做圣特罗佩挞

蛋液上色

打发鸡蛋……………………1个

酥皮

面粉……………………………40克
粗糖……………………………40克
杏仁粉…………………………40克
黄油……………………………40克

1. 制作布里欧修面团（20页）。制作慕斯琳奶油（56页）。加热结束后，加入橙花水。

2. 制作碎皮，将杏仁粉、粗糖、面粉和黄油混合在一起，用指尖做抹面处理。混合物呈细砂状后，放入冰箱冷藏保存。

3. 从冰箱中取出面团，除气（284页）。重油蛋糕模内抹黄油，把面团放入模具中，用掌心按压，确保面团充实整个模具。放在30℃的烤箱中发酵。1小时30分钟到2小时后：布里欧修面团体积增大至原来的两倍。

4. 烤箱预热至180℃。用打发蛋液给布里欧修面团上色，涂完第一层蛋液后，等待10分钟，涂第二层蛋液。撒一层酥皮面混合物，烘焙15分钟到20分钟。出炉后，放在网架上冷却。

5. 制作慕斯琳奶油（56页），装入带有14号裱花嘴的裱花袋。用锯齿刀把布里欧修挞横切成两片。

6. 在底层的布里欧修挞上，由内而外做一个奶油螺旋盘（272页）。用抹刀抹平。盖上另一片布里欧修挞，冷藏2小时。使用前30分钟取出即可。

巧克力面包&可颂

要点解析

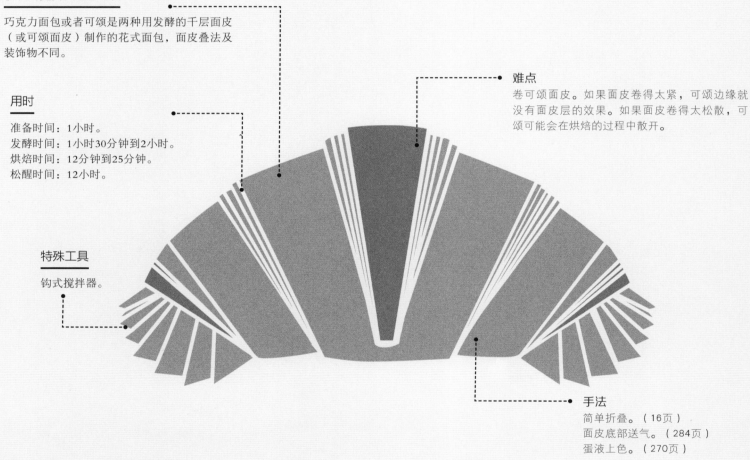

初识巧克力面包&可颂

巧克力面包或者可颂是两种用发酵的千层面皮（或可颂面皮）制作的花式面包，面皮叠法及装饰物不同。

用时

准备时间：1小时。
发酵时间：1小时30分钟到2小时。
烘焙时间：12分钟到25分钟。
松醒时间：12小时。

特殊工具

钩式搅拌器。

难点

卷可颂面皮。如果面皮卷得太紧，可颂边缘就没有面皮层的效果。如果面皮卷得太松散，可颂可能会在烘焙的过程中散开。

手法

简单折叠。（16页）
面皮底部送气。（284页）
蛋液上色。（270页）

变式

杏仁可颂：用150毫升水和50克糖制作糖浆。制作杏仁奶油（64页）。将可颂浸入糖浆中，切成两半后，注射奶油。撒杏仁丝，200℃烘焙几分钟。

步骤

夹心层—折叠—制作—发酵—烘焙。

15个可颂（或15个巧克力面包

发酵的千层面皮）

面粉·····················250克
鲜面包酵母·················8克
水·························60克
鸡蛋·······················25克
盐·························5克
糖·························30克

折叠

干黄油（276页）·············125克

巧克力装饰

花式面包用的巧克力条·········30个

蛋液上色

打发鸡蛋·····················1个

学做巧克力面包&可颂

<u>3</u>

<u>2</u>

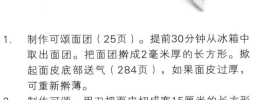

<u>4</u>

<u>5</u>

1. 制作可颂面团（25页）。提前30分钟从冰箱中取出面团。把面团擀成2毫米厚的长方形。掀起面皮底部送气（284页），如果面皮过厚，可重新擀薄。

2. 制作可颂，用刀把面皮切成宽15厘米的长方形面皮，再切出底边12厘米的等腰三角形。三角形底边切一个1厘米长的切口。轻轻将切口朝边翻上去，把可颂面皮卷起来，注意不要卷得太紧。离三角尖3厘米处，轻拉面皮然后卷起即可。

3. 制作巧克力面包，用刀切3个8厘米宽的长方形面皮。每张面皮上切出几个长12厘米的小长方形面皮。离边上3厘米的地方放一个巧克力条，折起面皮。两层面皮的接缝处放第二个巧克力条，从另一边折起面皮。把宽裕的面皮部分压到巧克力面包的下边靠中间的位置。

4. 烤盘铺上一层烘焙纸。间隔5厘米摆上面包。放在30℃的烤箱或者常温环境中发酵（1小时30分钟到2小时）。发酵好的面包体积是原来的两倍。

5. 烤箱预热至190℃。用刷子刷一层蛋液上色。10分钟后，刷第二层蛋液。根据面包不同形状或大小，烘焙12—25分钟。

苹果薄挞

要点解析

苹果片　　　　　糖煮苹果　　　　　糖煮苹果

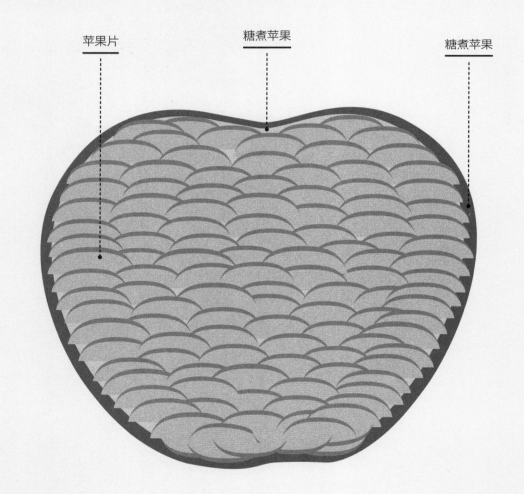

初识苹果薄挞

奶油鸡蛋挞打底，上面是糖煮苹果和苹果片。

用时

准备时间：30分钟。
发酵时间：1小时。
烘焙时间：30分钟到1小时。

特殊工具

带钩搅拌机，
30厘米×40厘米方形慕斯模具，
刷子。

变式

千层面皮挞打底，用2个烤盘烘焙。
苹果质地平滑有光泽。

难点

擀面皮。
装饰苹果。

手法

面皮底部送气。（284页）

步骤

可颂面团—糖煮苹果—组合—烘焙。

15人份苹果薄挞

可颂面团

面粉	250克
酵母	8克
水	60克
牛奶	60克
鸡蛋	25克
盐	5克
糖	30克
干黄油（276页）	125克

学做苹果薄挞

装饰

皇家嘎啦苹果或者粉红女郎苹果
································2千克
黄油································80克
糖································80克
浓稠奶油·························300克

糖煮苹果

皇家嘎啦苹果或者粉红女郎苹果
································500克
糖·······························100克
水·······························50克

1. 制作糖煮苹果。苹果去皮，去核，切成小丁。放在平底锅中，加入水和糖。一边大火加热，一边抹刀搅拌，直至液体变少。用插入式搅拌机搅打，冷却。

2. 提前30分钟取出可颂面包面团（25页）。一边旋转，一边擀面皮，防止面皮变形。把面皮擀到3毫米厚，轻轻掀起面皮，底部送气（284页）。如果面皮过厚，可以重新擀薄。将面皮放在铺有烘焙纸的烤盘上，用抹刀在面皮上涂一层糖渍苹果或者用裱花袋画"Z"字形。

3. 苹果去皮去核。用刀将苹果瓣切成薄片，铺满面团的糖渍苹果层上。发酵1小时30分钟至2小时。

4. 烤箱预热至180℃。用平底锅融化黄油，用刷子把融化的黄油涂在挞上，然后撒一层糖。烘焙30分钟以上，用抹刀掀起挞底查看：烘焙好的挞底呈均匀的黄色。烘焙结束后，将苹果挞放在网架上冷却。切开苹果挞，搭配浓稠鲜奶油肠一起食用。

千层酥

要点解析

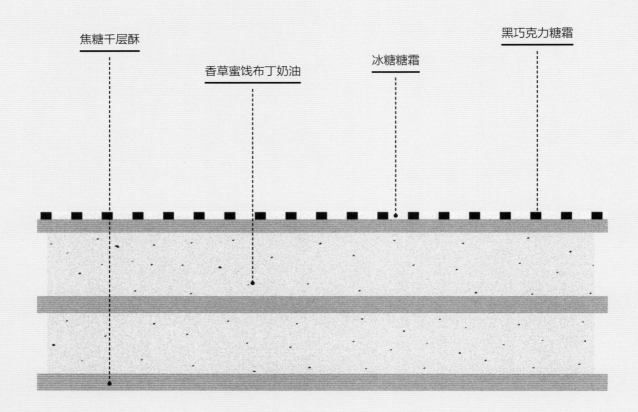

焦糖千层酥

香草蜜饯布丁奶油

冰糖糖霜

黑巧克力糖霜

初识千层酥

长方形的焦糖千层酥与香草蜜饯布丁奶油层叠在一起。

用时

准备时间：1小时30分钟。
烘焙时间：20—45分钟。
冷藏时间：3小时30分钟。
冷冻时间：15分钟。

特殊工具

裱花袋，
12号裱花嘴。

变式

经典千层酥：香草卡仕达酱。

技巧

烘焙时，面皮收缩；所以制作长方形面皮时，要比理想尺寸稍大一些。
与奶油组合之前，将千层酥冷藏15分钟，甜点质地更结实。

难点

千层酥裹焦糖。
组装。
糖霜。
手法。
泡发明胶。（270页）
用带裱花嘴的裱花袋。（272页）

步骤

千层酥面团—蜜饯布丁奶油—组合—糖霜—装饰。

准备

8—10人份千层酥

1. 千层面皮

夹心层

面粉·····················250克
水·······················100克
白醋······················10克
盐························5克

融化的黄油················30克

奶油层

黄油·····················150克
糖霜少许

2. 蜜饯布丁奶油

打发奶油

香草荚·····················1个

液态奶油（脂肪含量30%）···100克
明胶······················4克

卡仕达酱

牛奶·····················250克
蛋黄······················50克
糖·······················60克
玉米粉·····················25克
黄油······················25克

3. 糖霜

白冰糖····················250克
葡萄糖·····················30克
黑巧克力····················40克

学做千层酥

1. 制作千层面团（18页）。将面团擀成宽和长为30厘米×40厘米，2毫米厚的长方形面皮。放在烤盘里，盖一层烘焙纸，冷藏使之收缩。烤箱预热至180℃。沿着面皮长的方向，将面皮切成3条10厘米宽的小面皮。修剪面皮边角处，使边缘平滑。注意不要拉扯面皮，防止变形。将面皮放在烤盘上，盖一层烘焙纸和另一张烤盘，使面皮均匀地膨胀。

2. 烘焙15分钟后，每隔15分钟检查一遍面皮。烤好的面皮边缘呈均匀的黄色。烘焙结束后，将烤箱调至210℃。在面皮上撒一层糖霜，重新入炉烘焙几分钟，使糖霜变成焦糖。每2分钟检查一次烤箱，防止烤焦。千层酥表面形成一层均匀的焦糖后，取出放在网架上冷却。

3. 制作蜜饯布丁奶油（68页），在牛奶中加入香草。冷藏保存。

4. 奶油装入裱花袋中（12号裱花嘴）。沿着千层酥长的方向，在其中两张千层酥上挤几条奶油条。将两张带奶油条的千层酥叠在一起。

5. 平底锅中加入葡萄糖、冰糖，加热。将融化的冰糖浇在剩下的千层酥上，用抹刀抹平。

6. 用隔水炖锅融化黑巧克力。装入裱花袋，末端处开口。在冰糖霜上，间隔1厘米画巧克力线。画线时，以小刀做参照，先由下往上再由上往下，形成栅栏状。把最后一层千层酥放在奶油千层酥上，冷冻15分钟。

7. 取出千层酥。用锯齿刀切第一层千层酥，宽为4厘米。用快刀切剩下的两层千层酥。食用前冷藏2小时。

千层酥

黑茶蘸子果板栗千层酥

要点解析

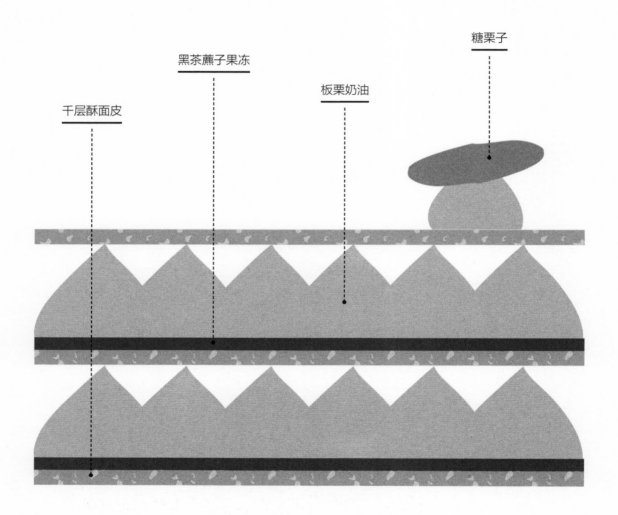

糖栗子

黑茶蘸子果冻

板栗奶油

千层酥面皮

初识黑茶蘸子果板栗千层酥

焦糖千层酥上叠一层板栗奶油和黑茶蘸子果冻。

用时

准备时间：1小时30分钟。
烘焙时间：20—45分钟。
冷冻时间：2小时。
冷藏时间：30分钟。

特殊工具

12厘米×24厘米长方形方形慕斯模具或蛋糕模，
裱花袋，
12号裱花嘴。

难点

焦糖千层面皮。
组合。

手法

泡发明胶。（270页）
用裱花袋。（272页）

步骤

千层面皮—黑茶蘸子果冻—板栗奶油—组合—装饰。

准备

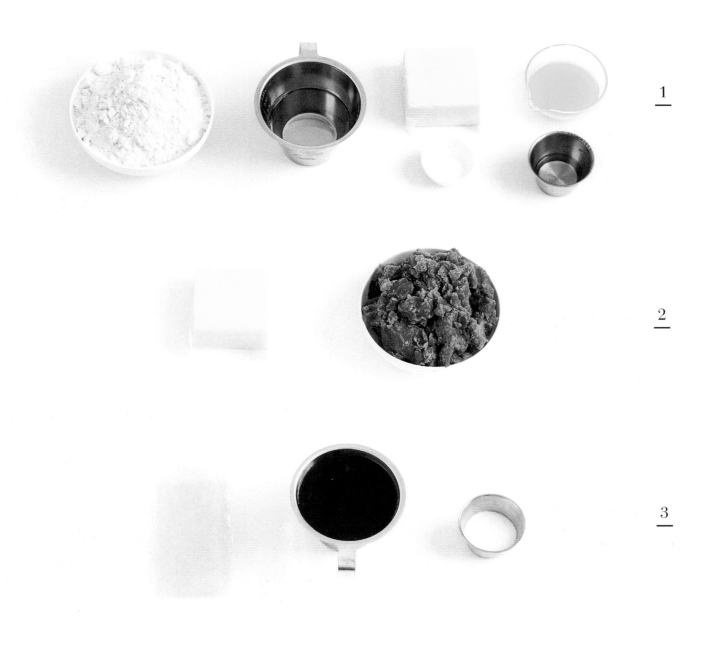

6份黑茶蘸子果板栗千层酥

1. 千层面皮

夹心层
面粉······················250克
水························110克
白醋······················10克
盐························5克

融化的黄油················30克
奶油层
黄油······················150克
糖霜少许

2. 板栗奶油

板栗膏····················500克
软黄油····················200克

3. 黑茶蘸子果冻

黑茶蘸子果泥··············250克
糖························30克
明胶······················6克

4. 装饰

糖栗子····················3个

211

学做黑茶藨子果板栗千层酥

1

2

3

4
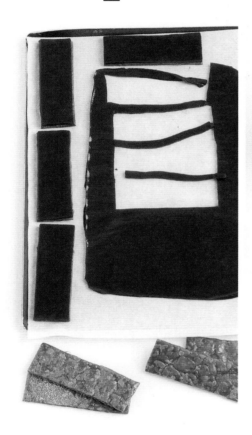

5

6
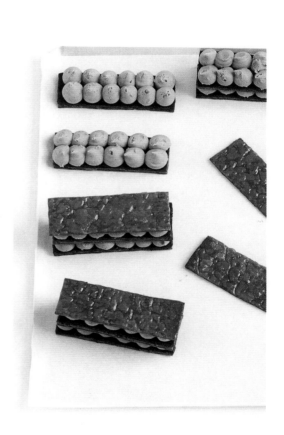

7

1. 制作千层面团（18页）。泡发明胶（270页），制作黑茶藨子果冻用。先将100克黑茶藨子果泥加糖煮沸。加入沥水明胶。搅打，并加入剩下的黑茶藨子果泥。把烘焙纸铺在方形慕斯模具中或保鲜膜铺在蛋糕模中，倒入果冻。冷冻两小时。

2. 烤箱预热至180℃，将面团擀成宽和长分别为30厘米×40厘米，2毫米厚的长方形面皮。放在烤盘里，盖一层烘焙纸，冷藏30分钟使之收缩。先把面皮切成条状，再沿着面皮长的方向，将面皮切成18条13厘米×4厘米的小面皮。注意不要拉扯面皮，防止变形。将面皮放在烤盘上，盖一层烘焙纸和另一张烤盘，使面皮均匀地膨胀。烘焙15分钟后，每隔15分钟检查一遍面皮。烤好的面皮边缘呈均匀的黄色。

3. 烘焙结束后，将烤箱调至210℃。在面皮上撒一层糖霜，重新入炉烘焙几分钟，使糖霜变成焦糖。每2分钟检查一次烤箱，防止烤焦。千层酥表面形成一层均匀的焦糖后，取出放在网架上冷却。

4. 从冰柜中取出黑茶藨子果冻。脱模。切成12个3厘米×12厘米的果冻条。紧贴着焦糖层放在千层酥上。

5. 制作板栗奶油。板栗膏放在打蛋器中搅打。加入软黄油（276页）后继续大马力搅打。将板栗奶油装入裱花袋（12号裱花嘴）。

6. 在黑茶藨子果冻层上，用裱花袋挤板栗奶油圆顶（275页）。

7. 把两层装饰好的千层酥叠在一起，上面再放一张空白的千层酥。表面制作板栗奶油裱花，最后装点半个糖栗子。

黑茶蘸子果板栗千层酥

国王饼

要点解析

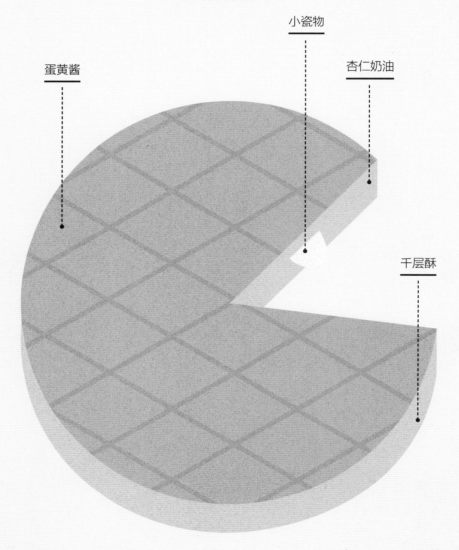

蛋黄酱

小瓷物

杏仁奶油

千层酥

初识国王饼

两层千层酥饼中间，夹裹着淡杏仁奶油。

用时

准备时间：1小时。
烘焙时间：25—45分钟。
冷藏时间：1小时。

特殊工具

裱花袋，
8号裱花嘴，
小瓷物。

为什么国王饼烘焙前需冷藏？

冷藏可以让千层酥中的黄油完全冷却，以利于烘焙过程中千层酥均匀地膨胀。

变式

皇冠杏仁派：用杏仁奶油制作的国王饼。杏仁奶油量翻倍即可。
朗姆酒杏仁奶油：加入30克朗姆酒。

难点

千层酥。
组合。

手法

刻装饰线。（285页）
用裱花袋。（272页）
刷蛋液。（270页）

步骤

千层酥—卡仕达酱—杏仁奶油—组合—装饰。

准备

1

2

2

3

8人份国王饼

1. 千层酥

夹心层
面粉·····················250克
水·······················115克
白醋·····················100克

盐·······················5克
融化的黄油···············30克

奶油层
黄油·····················150克

2. 杏仁奶油

杏仁奶油
黄油·····················50克

糖·······················50克
杏仁粉···················50克
鸡蛋（1个）·············50克
面粉·····················10克

卡仕达酱
牛奶·····················50克
蛋黄·····················10克
糖·······················15克
玉米粉···················5克

3. 上色蛋液

打发鸡蛋·················1个

4. 糖浆

水·······················50克
糖·······················50克

制作国王饼

1. 制作千层面团（18页），擀成3毫米厚的长方形，冷藏松醒30分钟。用圆形慕斯模具或者大盘子把面皮切成2个直径30厘米的面饼。
2. 把其中一个面饼放在铺有烘焙纸的烤盘中。用26厘米的圆形慕斯模具或者稍小一点的盘子在面皮上轻轻按出压痕。在压痕外围用刷子涂一层蛋液。
3. 制作杏仁奶油（64页）和卡仕达酱（53页），将两种奶油混合，并用抹刀搅匀。

4. 把做好的杏仁奶油装入裱花袋中（8号裱花嘴）。在面皮上由内而外画出螺旋线奶油圈，注意奶油圈不要画到最外围的蛋液上。把小瓷物放在靠边的奶油里。
5. 盖上第二层面饼，挤出里面的空气后，轻轻按压饼边，在面饼上盖一层烘焙纸和一个烤盘，然后把面饼整个翻过来。让面饼均匀膨胀。
6. 用小刀和指尖在面饼边缘均匀划装饰线（285页）。用刷子刷一层蛋液。冷藏30分钟。

7. 烤箱预热至180℃。取出国王饼，再刷一层蛋液。用刀背在面皮表面由内而外画圆弧。注意不要刺破面皮，烘焙25—45分钟。用抹刀掀起面饼：饼底呈均匀的金黄色。
8. 烘焙面饼期间，把50克水和50克糖放入平底锅中，煮沸后停止加热。面饼出炉后，用刷子在面饼表面刷一层糖浆。

国王饼

香草马卡龙

要点解析

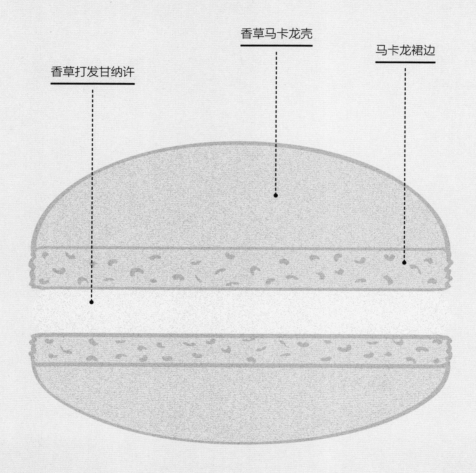

香草打发甘纳许

香草马卡龙壳

马卡龙裙边

初识香草马卡龙

香草味马卡龙壳，中间夹裹着香草白巧克力打发甘纳许。

用时

准备时间：45分钟。
烘焙时间：12分钟。
冷藏时间：24小时。

特殊工具

2个裱花袋，
2个裱花嘴（8号和12号），
温度计。

为什么用意式蛋白霜制作马卡龙壳？

比起其他蛋白霜，用糖浆加热的意式蛋白霜，质地更稳定，最不容易变形。

如何做成裙边？

烘焙时，马卡龙饼中的气体受热膨胀，形成马卡龙的裙边。

难点

制作马卡龙面糊。
烘焙马卡龙壳。
打发甘纳许。

手法

用带裱花嘴的裱花袋。（272页）
过筛。（270页）
制作裙边。（279页）

技巧

用精杏仁粉可以省去过筛一步。

步骤

甘纳许—马卡龙壳—打发甘纳许—组合。

准备

40个香草马卡龙

1. 马卡龙壳

精杏仁粉··························	250克
糖霜··························	250克
香草荚··························	1个
蛋白··························	100克

2. 意式蛋白霜

水··························	80克
糖··························	250克
蛋白··························	100克

3. 香草打发甘纳许

液态奶油（脂肪含量30%）··························	200克
白巧克力··························	320克
香草荚··························	2个

学做香草马卡龙

1

2

3

4

5

6

7

8

9

1. 制作甘纳许，平底锅中加入液态奶油和刮净的香草荚。煮沸。过筛时浇在白巧克力上。搅拌后放在盘中冷却，裹上保鲜膜，冷藏3小时，最好是冷藏至第二天。

2. 制作马卡龙壳，烤箱预热至150℃。制作意式蛋白霜（45页），搅打，冷却。

3. 宽口容器中，放入杏仁粉、糖霜和香草籽。一边搅拌，一边加入生蛋白。

4. 一边搅拌，一边加入1/3意式蛋白霜。

5. 加入剩下的蛋白霜，继续搅拌均匀。这就是马卡龙面糊。

6. 取部分马卡龙面糊，用来制作裙边：挑起的面糊可如缎带般缓缓流动。否则，需要重新搅拌面糊。

7. 烤盘铺上一层烘焙纸。可以用马卡龙纸模（283页）定位，并用刀压住纸模。用装有8号裱花嘴的裱花袋制作直径3厘米的马卡龙壳，交错放置，以免粘连（283页）。烘焙12分钟（283页）。出炉后，取下烤盘上的纸模，防止马卡龙壳变干。把马卡龙壳两两放在一起。

8. 搅打甘纳许至质地浓稠。

9. 香草甘纳许装入裱花袋中（12号裱花嘴）。把甘纳许挤在距马卡龙壳边5毫米的地方。再盖上另一个马卡龙壳，轻轻按压，把甘纳许挤到马卡龙壳边缘即可。冷藏24小时。

香草马卡龙

巧克力马卡龙

要点解析

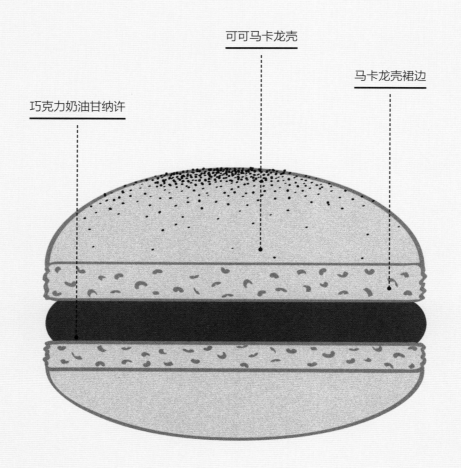

可可马卡龙壳

马卡龙壳裙边

巧克力奶油甘纳许

初识巧克力马卡龙

巧克力马卡龙壳夹裹着奶油甘纳许。

用时

准备时间：45分钟。
烘焙时间：12分钟。
冷藏时间：24小时。

特殊工具

裱花袋，
8号裱花嘴，
12号裱花嘴。

变式

香辛料巧克力马卡龙：在甘纳许牛奶中，放入
半根桂皮、一颗茴香和30粒豆蔻，浸泡30分钟。

难点

马卡龙壳烘焙。

手法

使用带裱花嘴的裱花袋。（272页）
过筛。（270页）
蛋液丝带。（279页）

技巧

如果选用精杏仁粉，可以不用过筛。

步骤

甘纳许—马卡龙壳—组合。

准备

1

2

3

4

40个巧克力马卡龙

1. 意大利蛋白霜

水·····························80克
糖·····························250克
蛋白·························100克

2. 马卡龙壳

精杏仁粉······················250克
糖霜·························220克
可可粉·······················30克
蛋白·························100克

3. 巧克力奶油甘纳许

牛奶·························500克
蛋黄·························100克
糖····························100克
黑巧克力······················400克

4. 装饰

可可粉·······················30克

学做巧克力马卡龙

1. 制作巧克力奶油甘纳许（72页）。冷藏保存。
2. 制作马卡龙壳，烤箱预热至150℃。制作意式蛋白霜（44页），搅打至冷却。
3. 宽口容器中，倒入杏仁粉、糖霜、可可粉。一边用刮板搅拌，一边加入蛋清。
4. 用刮板加入1/3意式蛋白霜。
5. 加入剩下的蛋白霜，继续用刮板搅拌均匀。（制作马卡龙壳，283页）。用刮板或者橡皮刮刀挑起马卡龙面糊，任其流淌；优质的马卡龙面糊不断流，呈丝带状。如果面糊不符合上述描述，则需要重新搅拌。
6. 烤盘铺一层烘焙纸。用马卡龙模板（283页）。压住（可以用刀）边缘。把面糊装入带8号裱花嘴的裱花袋，交错画出直径为3厘米的马卡龙壳（283页），以便热量均匀流通。撒一层可可粉，烘焙12分钟。轻触马卡龙壳：质地坚硬（283页）。
7. 出炉后，取下烘焙纸，防止马卡龙变干。一对对取下马卡龙壳。
8. 取出甘纳许，用抹刀搅打使其质地坚硬。装入裱花袋中（12号裱花嘴）。
9. 用裱花袋把甘纳许挤在马卡龙壳上，甘纳许夹心离马卡龙壳边缘要留出5毫米的距离。盖上另一个马卡龙壳，轻轻按压挤出甘纳许夹心。冷藏24小时后即可食用。

巧克力马卡龙

红珍珠马卡龙

要点解析

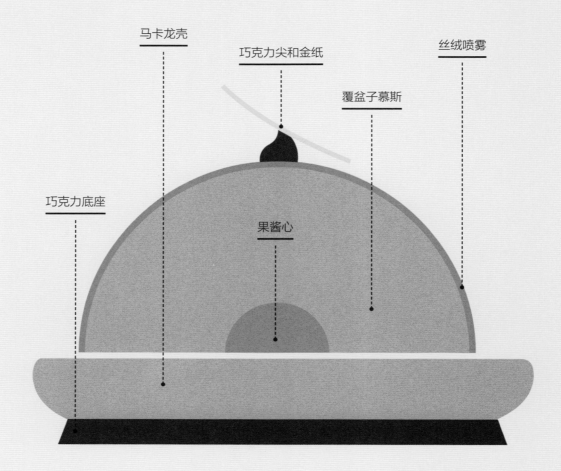

巧克力底座

马卡龙壳

巧克力尖和金纸

丝绒喷雾

覆盆子慕斯

果酱心

初识红珍珠马卡龙

马卡龙壳上，盖一个覆盆子圆顶慕斯。

用时

准备时间：1小时。
烘焙时间：12分钟。
冷冻时间：至少4小时。

特殊工具

两个硅胶半球模型板（20个直径2厘米的半球模），
裱花袋，
6号裱花嘴。

变式

异国风情马卡龙：用芒果果泥代替覆盆子果泥。

难点

制作马卡龙面糊。
马卡龙壳烘焙。
丝绒喷雾配量。

手法

使用带裱花嘴的裱花袋。（272页）
准备隔水炖锅。（270页）
用奶油喷雾。（274页）
先用打蛋器搅拌后用橡皮刮刀搅拌。（270页）

步骤

覆盆子圆顶慕斯—马卡龙壳—组装—丝绒喷雾。

准备

2

1

5 4 5

3

40个红珍珠马卡龙

1. 马卡龙壳

精杏仁粉·····················125克
糖霜························125克
红色食用色素················1克
蛋白························50克

2. 意式蛋白霜

水·························40克
糖·························125克
蛋白·······················50克

3. 覆盆子慕斯

覆盆子果泥···················65克
糖·························15克
明胶························2克
奶油（脂肪含量30%）·········65克
覆盆子果酱···················50克

4. 装饰

黑巧克力····················15克
红丝绒奶油喷雾
金纸

学做红珍珠马卡龙

1. 制作覆盆子慕斯，用打发尚蒂伊奶油的方式打发奶油（63页），冷藏保存。泡发明胶（270页）。

2. 平底锅中加糖和50克覆盆子果泥，加热。煮沸后，立即停止加热，加入沥水明胶，并用打蛋器搅打。将搅打过的果泥盛在宽口容器中，加入剩下的果泥。常温冷却。

3. 取1/3奶油，用打蛋器搅打，加入果泥中。用橡皮刮刀打发剩下的奶油，加入果泥中（270页）。

4. 慕斯装入裱花袋中，剪掉裱花袋尖端，把慕斯挤入半球模中。冷冻至少3小时，最好是冷冻至第二天。

5. 参照香草马卡龙的制作方法，制作马卡龙壳（220页），用红色色素代替香草。

6. 隔水炖锅融化巧克力。将马卡龙壳的凸面浸入巧克力中。把巧克力面贴在烘焙纸上摆放，使其变硬以形成巧克力底座。

7. 将覆盆子果酱装入裱花袋（6号裱花嘴）中。在马卡龙壳上点一个覆盆子果酱点。覆盆子圆顶慕斯脱模后，放在果酱点上，继续冷冻1小时。

8. 红丝绒喷雾放在盛有沸水的容器中，浸泡15分钟（融化奶油中的脂肪成分，带来热量冲击才能形成丝绒效果）。取出冷冻的马卡龙，朝覆盆子圆顶喷射丝绒喷雾，形成丝绒层。把剩下的融化巧克力装入裱花袋中，剪掉裱花袋尖端，在每个红珍珠马卡龙上点一个巧克力点。最后用金纸装饰。

覆盆子香草马卡龙蛋糕

要点解析

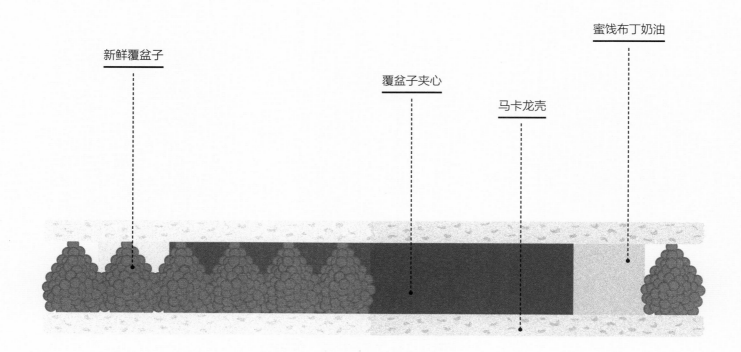

新鲜覆盆子

蜜饯布丁奶油

覆盆子夹心

马卡龙壳

初识覆盆子香草马卡龙蛋糕

大马卡龙饼加蜜饯布丁奶油，中间是覆盆子夹心，最后装饰一层新鲜的覆盆子。

用时

准备时间：1小时30分钟。
烘焙时间：15分钟。
冷冻时间：5小时。
冷藏时间：2小时。

特殊工具

直径10厘米的圆形慕斯模具，
直径22厘米的圆形慕斯模具，
3个裱花袋，
12号裱花嘴，
8号裱花嘴，
10号裱花嘴，
插入式搅拌器，
温度计。

难点

大马卡龙饼的烘焙。
组装。

手法

泡发明胶。（270页）
打发蛋黄。（279页）
用带裱花嘴的裱花袋。（272页）

步骤

覆盆子夹心—蜜饯布丁奶油—马卡龙壳—组装。

准备

1

2

3

4

5

8—10人份覆盆子香草马卡龙蛋糕

1. 马卡龙壳

精杏仁粉··············250克
糖霜··················250克
香草荚·················1个
蛋白··················100克

2. 意式蛋白霜

水····················80克
糖···················250克
蛋白··················100克

3. 蜜饯布丁奶油

牛奶··················250克
水····················50克
糖····················60克

玉米粉·················25克
黄油··················25克
香草荚·················1个
液态奶油（脂肪含量30%）
······················100克
明胶··················4克

4. 覆盆子夹心

覆盆子果泥·············250克
蛋黄··················70克

鸡蛋··················100克
糖····················75克
明胶··················8克
黄油··················100克

5. 装饰

新鲜覆盆子·············250克

231

学做覆盆子香草马卡龙蛋糕

1. 制作蜜饯布丁奶油（68页）。留出200克做最后装饰用，将剩下的奶油装入带12号裱花嘴的裱花袋。直径22厘米的圆形慕斯模具放在铺有烘焙纸的烤盘上，在大圆形慕斯模具正中间的位置放上直径10厘米的圆形慕斯模具。把蜜饯布丁奶油挤入两个圆形慕斯模具中间，表面找平。冷冻4小时。

2. 制作覆盆子夹心，泡发明胶（270页）。加糖打发蛋黄和全蛋液（279页）。煮沸覆盆子果酱。把一半沸腾的果酱倒入打发的蛋液中。搅打均匀后，再将果酱蛋液混合物倒回平底锅中。一边中火加热，一边搅拌，直至奶油变黏稠能裹在抹刀上为止（最高85℃）。

3. 明胶沥水后放入奶油中。加入黄油，搅拌2—3分钟。冷却至40℃。取出冷冻的蜜饯布丁奶油，取下10厘米的圆形慕斯模具后，把覆盆子夹心酱倒入奶油圈中。冷冻1小时。

4. 用制作香草马卡龙的方式制作马卡龙壳（220页）。将马卡龙面糊装入带有8号裱花嘴的裱花袋，在铺有烘焙纸的烤盘上制作2个直径25厘米的螺旋形（279页）马卡龙壳。烘焙12分钟。用指尖轻触马卡龙壳表面，不会留下凹痕。

5. 出炉后，取下烘焙纸防止马卡龙壳变干。取出冷冻的覆盆子夹心奶油圈，脱模后，放在马卡龙饼上。

6. 把剩下的蜜饯布丁奶油装入裱花袋（10号裱花嘴）。在奶油圈外再挤一圈奶油，放上新鲜的覆盆子。盖上第二层马卡龙饼。冷藏2小时以解冻。

覆盆子香草马卡龙蛋糕

蒙布朗

要点解析

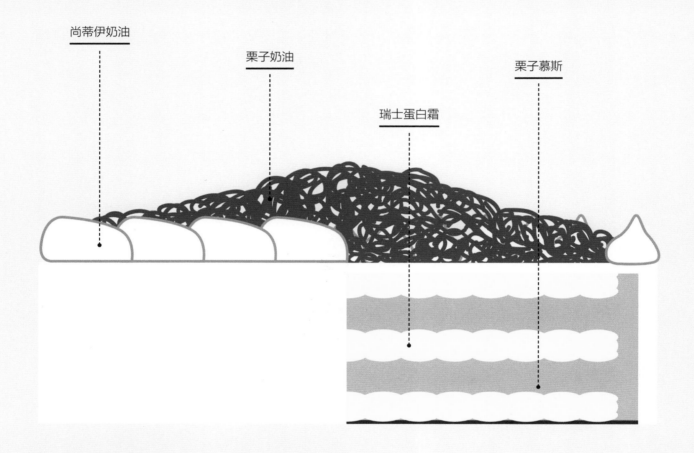

尚蒂伊奶油

栗子奶油

栗子慕斯

瑞士蛋白霜

初识蒙布朗

3层瑞士蛋白霜，夹裹着栗子慕斯，并用尚蒂伊奶油和栗子奶油进行装饰。

用时

准备时间：2小时。
烘焙时间：2小时。
冷藏时间：2小时。

特殊工具

直径220厘米的圆形慕斯模具，
4个裱花袋，
10号裱花嘴，
8号裱花嘴，
细丝裱花嘴，
圣托雷诺裱花嘴，
蛋糕围边，
抹刀。

为什么用瑞士蛋白霜？

相比意式蛋白霜和法式蛋白霜，瑞士蛋白霜质地更结实，更符合组装甜点的需要。

难点

蛋白霜烘干。
装饰。

手法

使用带裱花嘴的裱花袋。（272页）
泡发明胶。（270页）
刷巧克力酱。（280页）
准备隔水炖锅。（270页）
搅拌（先用打蛋器后用橡皮刮刀）。（270页）

技巧

为了获得松脆的口感，可以在每层蛋白霜饼上刷30克融化的巧克力酱。

步骤

蛋白霜—栗子慕斯—尚蒂伊奶油—栗子奶油—组装—装饰。

准备

<u>1</u>

<u>2</u>

<u>3</u>

<u>4</u>

<u>5、6</u>

8人份蒙布朗

1. 瑞士蛋白霜

蛋白·······················100克
糖·······················100克
糖霜······················100克

2. 栗子慕斯

液态奶油（脂肪含量30%）
·················60克+375克
明胶·······················8克
栗子奶油··················375克

3. 尚蒂伊奶油

液态奶油（脂肪含量30%）
·······················300克
糖霜······················60克
香草荚······················1个

4. 栗子奶油

栗子膏····················250克

软黄油····················100克

5. 巧克力酱

巧克力······················30克

6. 装饰

可可粉······················15克

学做蒙布朗

1   2   3

4   5   6

1. 制作瑞士蛋白霜（47页），冷却。烤箱预热至90℃。蛋白霜装入裱花袋中（8号裱花嘴），由内而外（272页）在烘焙上制作3个直径22厘米的螺旋状蛋白霜饼。烘焙至少2小时：蛋白霜饼变干。

2. 制作栗子慕斯，泡发明胶（270页）。取60克液态奶油放在平底锅中加热。煮沸后停止加热，放入沥水明胶，用打蛋器搅打。将栗子奶油放入宽口容器中，倒入热奶油后用力搅打。

3. 用打发尚蒂伊奶油的方式（63页）打发375克奶油。一边用打蛋器搅打，一边朝栗子奶油中加入1/3打发奶油。然后一边用橡皮刮刀搅打，一边加入剩下的打发奶油（270页）。

4. 圆形慕斯模具内附一层蛋糕围边，放在铺有烘焙纸的烤盘上。用隔水炖锅融化巧克力，在第一层蛋白霜饼上刷一层巧克力（280页）。套上圆形慕斯模具。把栗子慕斯装入裱花袋（10号裱花嘴），将一半慕斯均匀地涂在蛋白霜饼上。

5. 把剩下的慕斯均匀地涂抹在第二层蛋白霜饼上。盖上第三层蛋白霜饼。轻轻按压，注意不要压碎蛋白霜饼，冷藏2小时。

6. 用打发尚蒂伊奶油的方式（63页）打发奶油，放入香草荚。冷藏保存。制作栗子奶油，用带搅拌桨的搅拌器（或用食品切碎机的塑料螺旋搅拌桨）搅打栗子膏。加入软黄油，大力搅打。将栗子奶油装入裱花袋（细丝裱花嘴）。甜点从冷藏中取出，脱模。用抹刀把3/4的尚蒂伊奶油（274页）均匀地抹在甜点上。在甜点上面装饰以栗子奶油丝。撒一层可可粉。尚蒂伊奶油装入裱花袋（圣托雷诺裱花嘴）中，在蒙布朗周围裱一圈奶油条。

蒙布朗

香草夹心蛋糕

要点解析

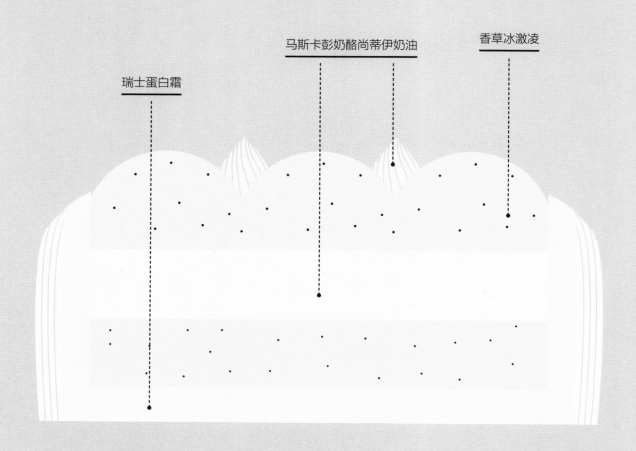

瑞士蛋白霜

马斯卡彭奶酪尚蒂伊奶油

香草冰激凌

初识香草夹心蛋糕

蛋白霜上装饰以冰激凌和马斯卡彭奶酪尚蒂伊奶油。

用时

准备时间：1小时。
烘焙时间：3—5小时。
冷冻时间：3小时。

特殊工具

3个裱花袋，
8号裱花嘴，
10号裱花嘴，
凹式裱花嘴，
直径3厘米的冰激凌勺，
带搅拌桨的搅拌机和电动打蛋机。

难点

快速处理冰激凌。

手法

使用带裱花嘴的裱花袋。（272页）

技巧

为了避免冰激凌融化，可以提前准备冰激凌球并冷冻保存，组装甜点时取出使用。

步骤

蛋白霜—冰激凌球—马斯卡彭奶酪尚蒂伊奶油—组装。

准备

$\underline{1}$

$\underline{2}$

$\underline{3}$

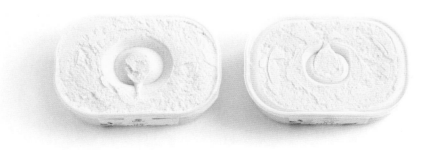

8人份香草夹心蛋糕

1. 瑞士蛋白霜

蛋白……………………100克
糖…………………………100克
糖霜………………………100克

2. 马斯卡彭奶酪尚蒂伊奶油

液态奶油（脂肪含量30％）
………………………250克
马斯卡彭奶酪………………250克
糖霜…………………………60克
香草荚………………………1个

3. 冰激凌

香草冰镇奶油………………1.5升

239

学做香草夹心蛋糕

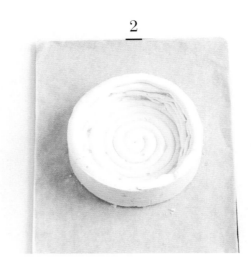

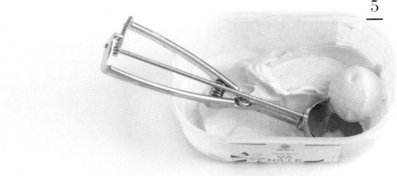

1. 制作瑞士蛋白霜（47页）。烤箱预热至90℃。烤盘铺一层烘焙纸，放上一个直径18厘米的圆形慕斯模具。蛋白霜装入裱花袋中（8号裱花嘴），在圆形慕斯模具里制作一个螺旋状蛋白霜饼（272页）。最后，沿着圆形慕斯模具内延，继续用蛋白霜画圈，形成5厘米高的饼沿。

2. 烘焙至少3小时：蛋白霜饼变干。放在网架上冷却。

3. 取0.5升冰镇奶油，用带搅拌桨的搅拌机或抹刀快速搅打，使冰镇奶油的质地变得细腻均匀。用裱花袋或抹刀将奶油装入蛋白霜饼中，再用橡皮刮刀抹平。冷冻。

4. 制作马斯卡彭奶酪尚蒂伊奶油。马斯卡彭奶酪、糖霜、香草籽和50克奶油混合在一起，轻轻搅打。呈流线形加入剩下的奶油。质地均匀后，加速用搅打尚蒂伊奶油的方式搅打。取出夹心蛋糕。尚蒂伊奶油装入裱花袋中（10号裱花嘴），把其中的3/4奶油挤在香草冰激凌上，并用橡皮刮刀抹平。冷冻1小时。

5. 用直径3厘米的冰激凌勺制作7个冰激凌球，并不时把冰激凌勺放在热水中烫热。将冰激凌球摆放在马斯卡彭奶酪尚蒂伊奶油上，冷冻2小时。食用前，把剩下的尚蒂伊奶油装入裱花袋中，蛋糕表面用凹式裱花嘴裱奶油装饰，蛋糕周围用细条裱花嘴裱奶油装饰。冷藏保存。

240

香草夹心蛋糕

核桃酥可饼干

要点解析

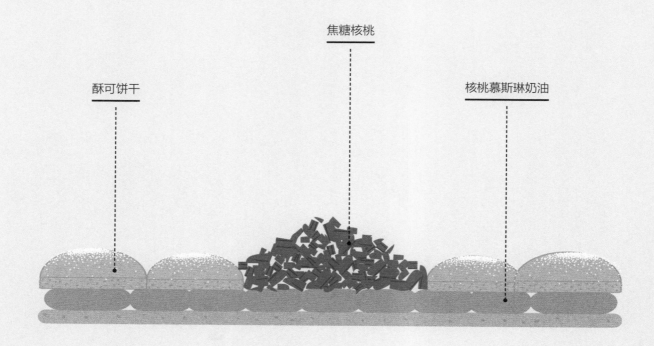

酥可饼干

焦糖核桃

核桃慕斯琳奶油

初识核桃酥可饼干

环形酥可饼干装饰以核桃慕斯琳奶油和酥脆的焦糖核桃。

用时

准备时间：1小时。
烘焙时间：20—50分钟。
冷藏时间：2小时。

特殊工具

裱花袋，
10号裱花嘴，
12号裱花嘴，
温度计，
带搅拌桨的搅拌机。

变式

用等量的榛子或者杏仁代替核桃。

难点

用裱花袋制作环形酥可饼干。
干果裹焦糖。

手法

用带裱花嘴的裱花袋。（272页）
炒干果。（281页）

步骤

卡仕达奶油—饼干—慕斯琳奶油—焦糖核桃—组装。

准备

8人份核桃酥可饼干

1. 酥可饼干

面粉·····················40克
核桃粉···················155克
糖·······················130克
蛋白·····················190克

糖·······················70克

2. 核桃慕斯琳奶油

糖衣核桃

核桃·····················150克
水·······················30克
糖·······················110克

卡仕达奶油酱

牛奶·····················250克
蛋黄·····················50克
糖·······················60克
玉米粉···················25克
黄油·····················65克

黄油

软黄油···················65克

3. 装饰

核桃碎···················130克
水·······················10克
糖·······················10克
糖霜·····················40克

学做核桃酥可饼干

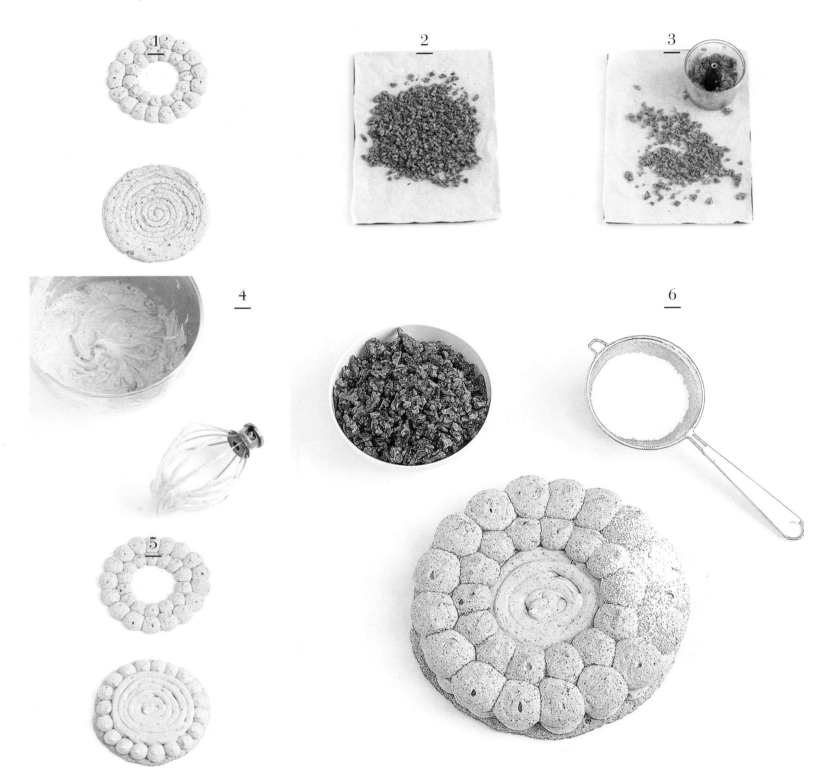

1. 制作酥可饼干面糊（38页）。将面糊装入裱花袋（10号裱花嘴），在铺有烘焙纸的烤盘上，制作一个直径22厘米的面饼。再用裱花袋制作直径4厘米的面饼，把面饼一一连在一起，做一个直径22厘米的饼环。按照基础食谱中的做法烘焙。
2. 制作糖衣核桃。烤箱调至180℃，焙炒核桃15分钟。平底锅中加水、糖，煮沸至107℃。加入焙炒好的核桃碎，搅拌，让糖均匀地裹在核桃上。在烘焙纸上晾凉。

3. 用搅拌机打成膏状。
4. 制作慕斯琳奶油（56页）。加热结束后，加入糖衣核桃。
5. 把核桃慕斯琳奶油（272页）装入裱花袋（12号裱花嘴）。沿酥可饼外围做一圈奶油圆顶，中间做成螺旋状（272页）。盖上酥可饼环，冷藏至少2小时。

6. 装饰。水加糖煮沸。核桃摆在铺有烘焙纸的烤盘上，浇上糖浆，使糖浆均匀地裹住核桃。烤箱调至180℃，烘焙15分钟，每隔5分钟用抹刀翻动。糖充分焦化。冷却。在酥可饼环上撒一层糖霜。将焦糖核桃放在饼环中间。

核桃酥可饼干

鸡蛋奶油布丁

要点解析

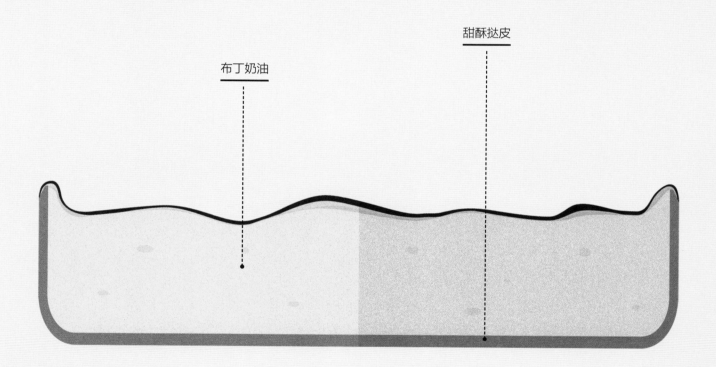

甜酥挞皮

布丁奶油

初识鸡蛋奶油布丁

甜酥挞皮装饰以熟奶油。

用时

准备时间：30分钟。
烘焙时间：45分钟到1小时。
冷藏时间：4小时。

特殊工具

直径24厘米的挞式圆形慕斯模具。

变式

异国风情布丁：用椰子牛奶代替400克牛奶，并在冷藏的布丁上撒50克椰丝。

手法

面皮打底。（284页）

步骤

甜酥挞皮—布丁奶油—烘焙。

学做鸡蛋奶油布丁

2

4、5

6

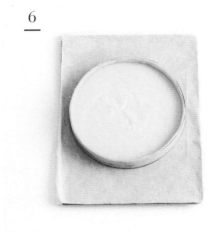

6—8人份鸡蛋奶油布丁

1. 甜酥挞皮

面粉	200克
黄油	100克
糖	25克
盐	1克
水	50克
蛋黄	15克

2. 布丁奶油

牛奶	800克
鸡蛋	4个
糖	200克

布丁粉	60克
香草荚	1个

1. 最好前一天做好甜酥挞皮。将面团擀至2厘米厚，放在铺有烘焙纸的烤盘上。冷藏保存至少30分钟，最好是冷藏一夜。

2. 挞式圆形慕斯模具内抹黄油，用水油酥面饼打底（284页），再冷藏1小时。烤箱预热至180℃。

3. 宽口容器中，加鸡蛋和糖，打发鸡蛋后再加入布丁粉。

4. 牛奶中加入香草籽，煮沸。牛奶开始向上翻腾时，将一半牛奶倒入鸡蛋布丁糊中。搅打。

5. 混合物搅打均匀后，重新倒回平底锅中，一边大火加热，一边用力搅拌，防止挂糊。当混合物沸腾，并从锅壁轻轻脱落时，把平底锅从炉灶上端开。

6. 将混合物倒入甜酥挞皮打底的圆形慕斯模具中，烘焙45分钟至1小时。出炉冷却后，放入冰箱冷藏至少3小时后食用。

起司蛋糕

要点解析

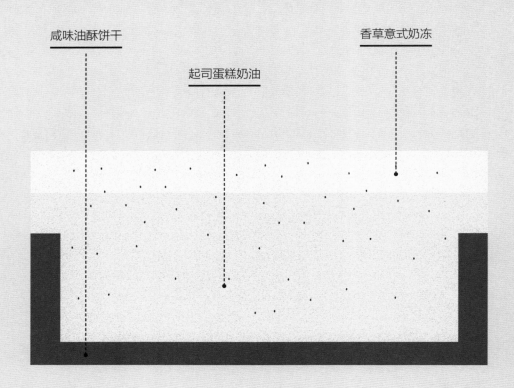

咸味油酥饼干

起司蛋糕奶油

香草意式奶冻

初识起司蛋糕

咸味油酥饼干打底，装饰以白奶酪香草奶油和香草意式奶冻的奶油糕点。

用时

准备时间：1小时。
烘焙时间：20—40分钟。
冷藏时间：6—24小时。

特殊工具

12厘米×24厘米×7厘米的方形慕斯模具。

变式

香柠起司蛋糕：用1个绿柠檬的柠檬皮代替香草。

难点

制作咸味油酥饼干。

技巧

如果方形慕斯模具大小可调节，起司蛋糕可能在方形慕斯模具中移动，烘焙时变形。可以用烘焙绳固定蛋糕，防止移动。轻轻用搅拌机的塑料螺旋片搅打饼干糊，避免黄油变热，否则在接下来的步骤中，饼干会变得无法使用。

步骤

咸味油酥饼干—起司蛋糕奶油—组装—烘焙—加意式奶冻。

准备

1

2

3

6—8人份起司蛋糕

1. 咸味油酥饼干

咸味饼干·····················260克
黄油·························200克
糖···························130克
面粉··························60克

2. 起司蛋糕奶油

鸡蛋·························250克
糖霜·························270克
稠奶油（脂肪含量30％）·······500克
白奶酪·······················650克
香草荚的香草籽················2个
柠檬汁·······················35克
玉米粉·······················40克

3. 意式奶冻

液态奶油（脂肪含量30％）
···························300克
糖···························15克
明胶··························4克
香草荚························1个

学做起司蛋糕

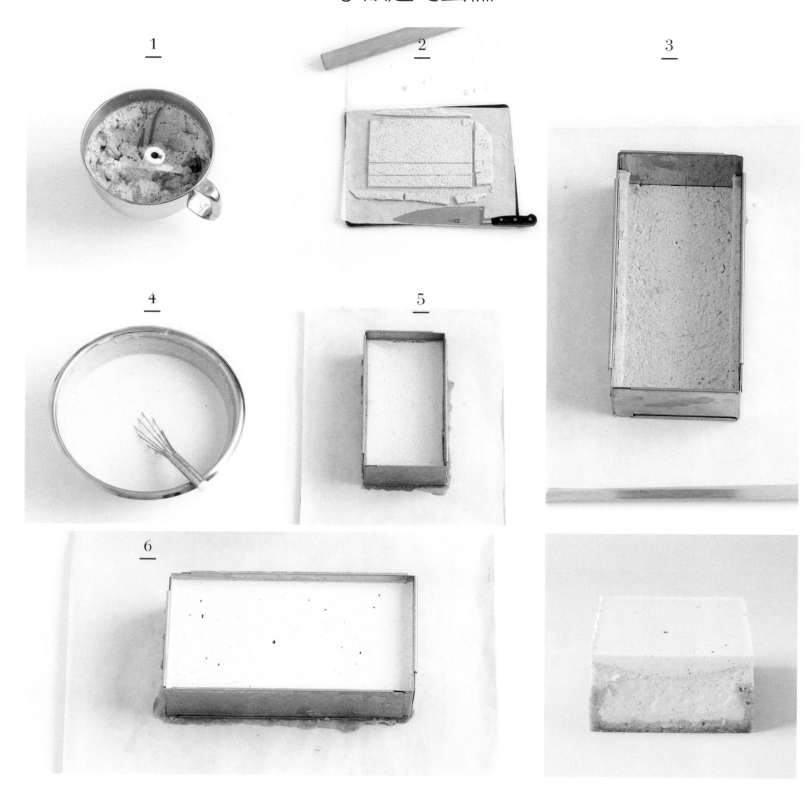

1. 制作咸味油酥饼干。先把咸味饼干放在宽口容器中，用带搅拌桨的搅拌机低速搅打，将饼干打成饼干末。加入黄油、糖和面粉。低速搅打成奶油糊。

2. 把面糊放在两层烘焙纸中间，擀成1厘米厚的面饼。冷藏1小时。将面饼切成一个12厘米×24厘米的长方形（做蛋糕底用）和两个24厘米×3厘米的小长方形（做蛋糕边用）。

3. 把方形慕斯模具放在铺有烘焙纸的烤盘上，再把前面做好的蛋糕底和蛋糕边放在方形慕斯模具中。冷藏。

4. 制作起司蛋糕奶油。烤箱预热至120℃。宽口容器中，加入白奶酪、稠奶油、糖霜和玉米粉，搅打。一边搅打，一边加入鸡蛋、香草籽、柠檬汁，直至混合物质地均匀。

5. 把起司蛋糕奶油倒入咸味油酥饼干打底的方形慕斯模具中。烘焙20—40分钟，每10分钟打开烤箱门放出蒸汽防止蛋糕表面开裂。轻敲方形慕斯模具，起司蛋糕奶油已经固定成型并微微颤动。常温冷却后，冷藏至第二天。

6. 制作意式奶冻。在冷水中泡发明胶。取100克奶油，加糖煮沸后停止加热。加入沥水明胶，搅打。加入剩下的液态奶油，倒在蛋糕的起司蛋糕奶油层上，冷藏2小时。用喷枪轻轻加热方形慕斯模具壁，脱模，切分。

起司蛋糕

玛德琳蛋糕

要点解析

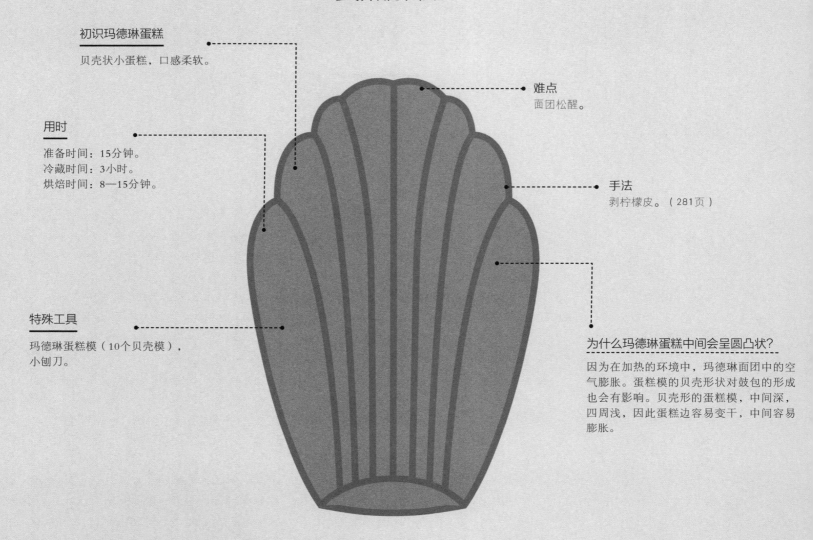

初识玛德琳蛋糕
贝壳状小蛋糕，口感柔软。

用时
准备时间：15分钟。
冷藏时间：3小时。
烘焙时间：8—15分钟。

特殊工具
玛德琳蛋糕模（10个贝壳模），
小刨刀。

难点
面团松醒。

手法
剥柠檬皮。（281页）

为什么玛德琳蛋糕中间会呈圆凸状？
因为在加热的环境中，玛德琳面团中的空气膨胀。蛋糕模的贝壳形状对鼓包的形成也会有影响。贝壳形的蛋糕模，中间深，四周浅，因此蛋糕边容易变干，中间容易膨胀。

10个玛德琳蛋糕

鸡蛋（1个）·······················50克
糖·································50克
蜂蜜·······························10克
面粉·······························50克
化学发酵粉··························2克
黄油·······························55克
柠檬·······························1个

1. 融化黄油，在常温环境中冷却。
2. 在宽口容器中，加入鸡蛋、糖和蜂蜜，搅打。
3. 剥下柠檬皮（281页）。面粉、发酵粉和柠檬皮混合在一起，注意要一点点加面粉，防止结块。
4. 加入温热的融化黄油。封上保鲜膜，冷藏至少3小时，最好冷藏至第二天。

5. 第二天，烤箱预热至220℃。提前30分钟取出玛德琳面糊，防止面糊变软。将面糊装入裱花袋中，用裱花袋将面糊挤入贝壳模中，注意，面糊不能挤在贝壳模边缘。蛋糕放入烤箱后，立即将温度调低至170℃，烘焙8—15分钟。
6. 出炉后，把蛋糕放在网架上冷却。

学做玛德琳蛋糕

2

4

3

3

6

5

费南雪蛋糕

要点解析

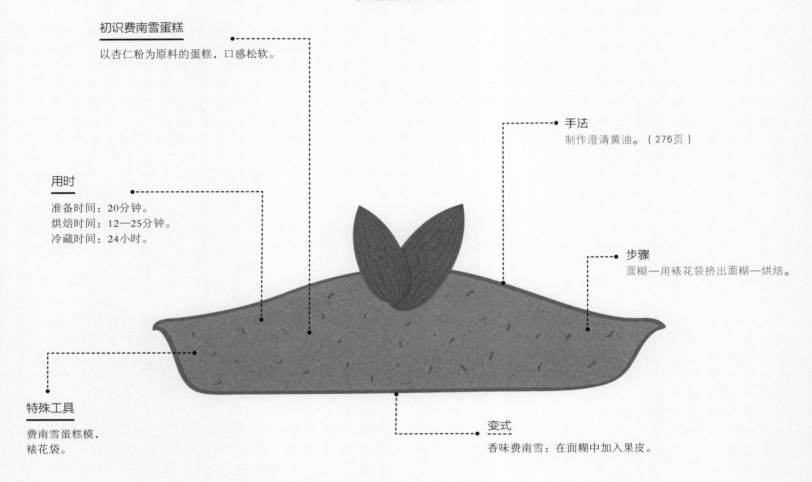

初识费南雪蛋糕

以杏仁粉为原料的蛋糕，口感松软。

手法
制作澄清黄油。（276页）

用时

准备时间：20分钟。
烘焙时间：12—25分钟。
冷藏时间：24小时。

步骤
面糊—用裱花袋挤出面糊—烘焙。

特殊工具

费南雪蛋糕模，
裱花袋。

变式
香味费南雪：在面糊中加入果皮。

为什么烘焙前面糊要进行充分松醒？

冷藏使面糊中的黄油变硬，烘焙前30分钟取出，面糊再次处于常温环境中，这样的面糊质地更结实，在烘焙中能够完全膨胀。

20个小费南雪蛋糕（或者8个费南雪蛋糕）

1. 费南雪面糊

糖霜	60克
杏仁粉	30克
面粉	20克
黄油	50克
蛋白	55克

2. 装饰

杏仁	50克

1. 将糖霜、杏仁粉和面粉混合在一起。
2. 制作澄清黄油（276页），做好后立即将其倒在粉状混合物中。搅拌均匀后一点点加入蛋白。封上保鲜膜后，冷藏至第二天。
3. 烤箱预热至170℃，烘焙前30分钟提前取出面糊，防止面糊变软。将面糊装入裱花袋中，用裱花袋把面糊挤在涂有黄油的蛋糕模中。撒上杏仁碎。根据费南雪尺寸大小，烘焙12—25分钟。

学做费南雪蛋糕

曲奇饼干

要点解析

初识曲奇饼干

中间掺着巧克力块和核桃碎的油酥饼干。

手法

制作软黄油。（276页）

用时

准备时间：15分钟。
烘焙时间：10分钟。
冷藏时间：2小时。

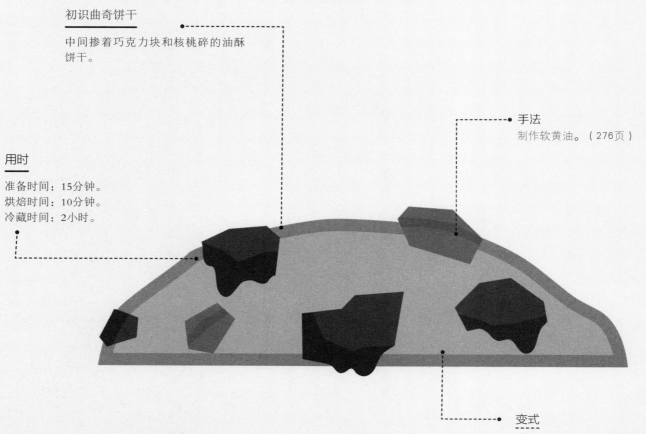

变式

软曲奇：用杏仁干代替核桃碎。

曲奇干脆或松软的口感受什么影响？

制作饼干面糊时，黄油的质地是影响曲奇口感的主要因素。如果黄油很湿润，那么烘焙时，面糊充分延展，饼干的口感就更加干脆。

为什么需要松醒面团？

如果想要曲奇口感更加松软，烘焙前需要让面团在冰箱里冷却变硬。

步骤与保存

面团—切块—烘焙。
曲奇面团滚成圆柱状，裹上保鲜膜后，可以冷冻保存3个月。

学做曲奇饼干

12个曲奇饼干

软黄油	60克
糖霜	30克
粗红糖	40克
鸡蛋	1个
盐	1克
面粉	100克
化学发酵粉	3克
黑巧克力碎	50克
核桃碎	40克

1. 宽口容器中加入软黄油（276页）、糖霜、粗红糖，搅拌均匀。加入鸡蛋、面粉、盐和发酵粉，继续搅拌均匀。加入巧克力碎和核桃碎，搅拌均匀。

2. 将面团揉成直径6厘米的圆柱形，裹上保鲜膜。冷藏2小时，让面团变硬。

3. 烤箱预热至160℃。取出面团，切成1厘米厚的圆饼。放在铺有烘焙纸的烤盘上，烘焙10分钟。用指尖轻触饼干，四周干硬，中间湿软。取出烤盘，取下烘焙纸，饼干放在网架上晾凉即可。

熔岩巧克力蛋糕

要点解析

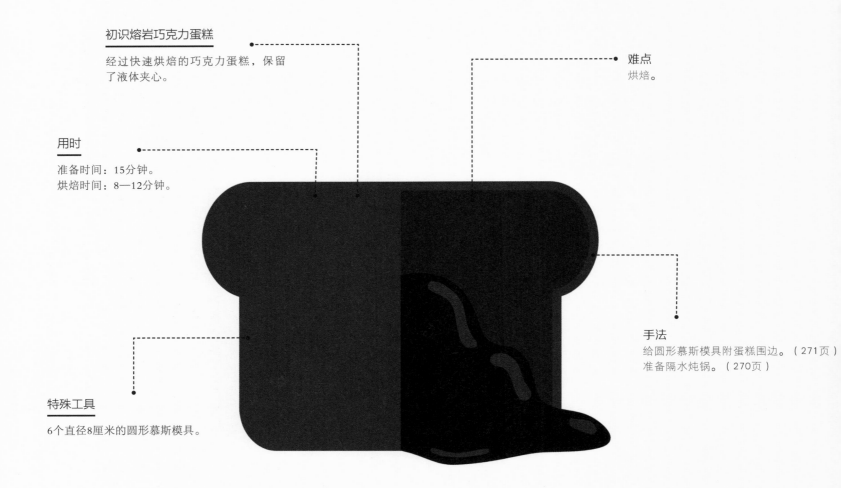

初识熔岩巧克力蛋糕

经过快速烘焙的巧克力蛋糕，保留了液体夹心。

难点

烘焙。

用时

准备时间：15分钟。
烘焙时间：8—12分钟。

手法

给圆形慕斯模具附蛋糕围边。（271页）
准备隔水炖锅。（270页）

特殊工具

6个直径8厘米的圆形慕斯模具。

6个熔岩巧克力蛋糕

黄油	150克
黑巧克力	150克
糖霜	100克
面粉	50克
鸡蛋（3个）	150克

1. 烤箱预热至180℃。把烘焙纸附在圆形慕斯模具内侧，注意，烘焙纸圈的高度要超过圆形慕斯模具的高度。（271页）
2. 隔水炖锅融化巧克力和黄油。在另一宽口容器中，加入面粉和糖霜。一边搅打，一边慢慢加入鸡蛋液，以免结块。倒入融化的巧克力和黄油。
3. 将混合物倒入圆形慕斯模具中，至少烘焙8分钟。与边缘相比较，糕点中间的颜色更深。熔岩巧克力蛋糕与鸡蛋很相似，四周是烘焙熟的硬壳，中间是液体夹心。

变式

白巧克力液体夹心：烘焙前，在面糊中间加一块白巧克力即可。

技巧

用铝制圆形慕斯模具，烘焙时更容易传热，烘焙完更易脱模。如果蛋糕边缘没有烤熟，就继续烘焙几分钟。

学做熔岩巧克力蛋糕

俄罗斯蛋卷

要点解析

初识俄罗斯蛋卷

搭配其他甜点一起吃的饼干卷。

用时

准备时间：20分钟。
烘焙时间：8—10分钟。
冷藏时间：3—24小时。

难点

蛋卷上色。

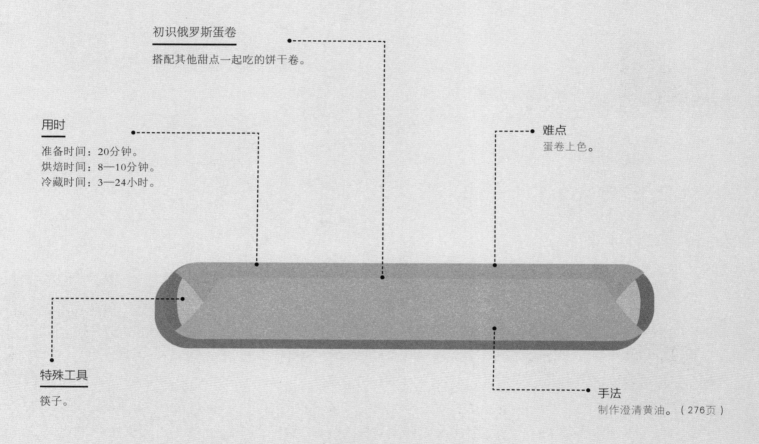

特殊工具

筷子。

手法

制作澄清黄油。（276页）

经典用法

装饰冰激凌或者雪糕。

变式

夹心版蛋卷：蛋卷里注入甘纳许奶油（72页）。
注意需要快速食用（蛋卷很容易吸水）。

为什么需要松醒面团?

经过冷藏松醒的面团，烘焙及出炉时不容易变形，这样的面皮质地更柔软，因此更适合做蛋卷。

技巧

制作俄罗斯蛋卷时，可利用筷子将蛋卷饼卷起来。

学做俄罗斯蛋卷

3

4

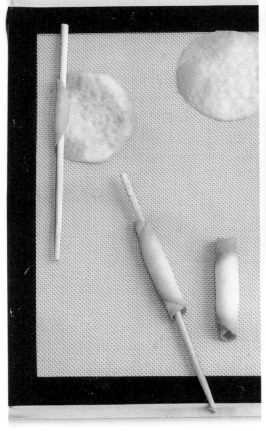

20个俄罗斯蛋卷

黄油	50克
蛋白	50克
糖霜	50克
面粉	50克

1. 把糖霜和面粉放在宽口容器中。制作澄清黄油（276页）。将澄清黄油倒入宽口容器中，并用抹刀搅拌。

2. 慢慢加入蛋白，用保鲜膜密封后，冷藏松醒，最好是冷藏至第二天。

3. 烤箱预热至200℃。烤盘铺上烘焙纸。将适量面糊倒在蛋卷模板中间，用抹刀抹平，做成直径约8厘米的薄饼。一个烤盘最多放4—6个蛋卷饼，以免粘连。烘焙8—10分钟，烤好的蛋卷饼外延呈深黄色，中间呈金黄色。

4. 出炉后，立即把蛋卷饼卷起来。可以用筷子卷蛋卷饼。

猫舌饼干

要点解析

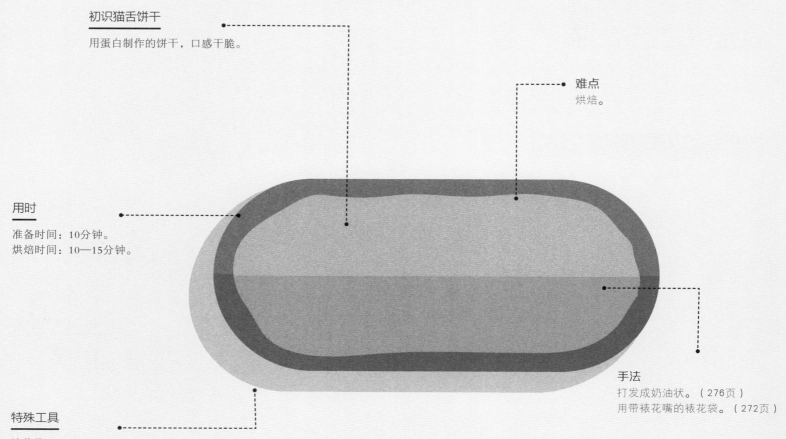

初识猫舌饼干
用蛋白制作的饼干，口感干脆。

难点
烘焙。

用时
准备时间：10分钟。
烘焙时间：10—15分钟。

手法
打发成奶油状。（276页）
用带裱花嘴的裱花袋。（272页）

特殊工具
裱花袋，
8号裱花嘴。

30个猫舌饼干

黄油	60克
糖	30克
鸡蛋（1个）	50克
面粉	60克

1. 烤箱预热至190℃。宽口容器中，加入软黄油和糖，用抹刀打发成奶油状（276页）。
2. 先加鸡蛋，再加面粉，并搅拌均匀。
3. 烤盘铺一层烘焙纸。把面糊装入带有裱花嘴的裱花袋，制作长约5厘米的面条，面条之间留出足够的空间（272页）。烘焙10分钟，烤好的饼干边缘呈深黄色，中间呈金黄色。出炉后将饼干放在网架上晾凉即可。

变式

杏仁猫舌饼干：烘焙前，在饼干上撒一层杏仁丝。

香草猫舌长饼干：在面糊中加入5克香草香精。

学做猫舌饼干

1

2

3

杏仁岩

要点解析

巧克力脆皮

杏仁酱

烤杏仁碎

初识杏仁岩

杏仁巧克力夹心，外面包裹着巧克力脆皮，还撒有烤杏仁碎。

用时

准备时间：30分钟。
冷藏时间：30分钟。
烘焙时间：15—25分钟。

特殊工具

温度计。

为什么需要对巧克力进行调温？

调温是为了避免巧克力颜色泛白，经过调温的巧克力口感爽脆，色泽鲜亮。

手法
巧克力调温。（290页）

步骤
甘纳许一团成球状：杏仁一巧克力调温一蘸巧克力酱。

学做杏仁岩

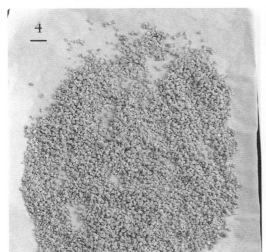

12个杏仁岩

1. 巧克力球

杏仁酱·····························100克
黑巧克力·························130克
糖霜少许

2. 巧克力脆皮

黑巧克力·························300克
杏仁碎·····························150克
水·····································10克
糖霜少许

1. 用隔水炖锅融化130克黑巧克力。把杏仁酱放在宽口容器中，倒入融化的黑巧克力。用抹刀搅拌。

2. 烤盘铺一层烘焙纸。把杏仁岩夹心酱装入带裱花嘴的裱花袋中，制作12个约20克的杏仁巧克力饼。冷藏30分钟。取出杏仁巧克力饼。双手蘸一层糖霜后，将杏仁巧克力团成球状。抹糖霜的目的是防止巧克力球粘连。常温或者冷藏保存。

3. 制作烤杏仁。烤箱预热至160℃。平底锅中加水、糖，煮沸后立即停止加热。稍微冷却后，浇在杏仁碎上，搅拌均匀。把杏仁碎放在铺有烘焙纸的烤盘上。烘焙15—25分钟，烘焙期间注意定时搅翻，烤好的杏仁碎呈均匀的金黄色。出炉，冷却。

4. 巧克力调温（290页）。一个一个地把杏仁巧克力夹心蘸在调温巧克力中，用巧克力叉取出，最后裹一层烤杏仁碎即可。冷却后食用。

甜点专业术语

工具

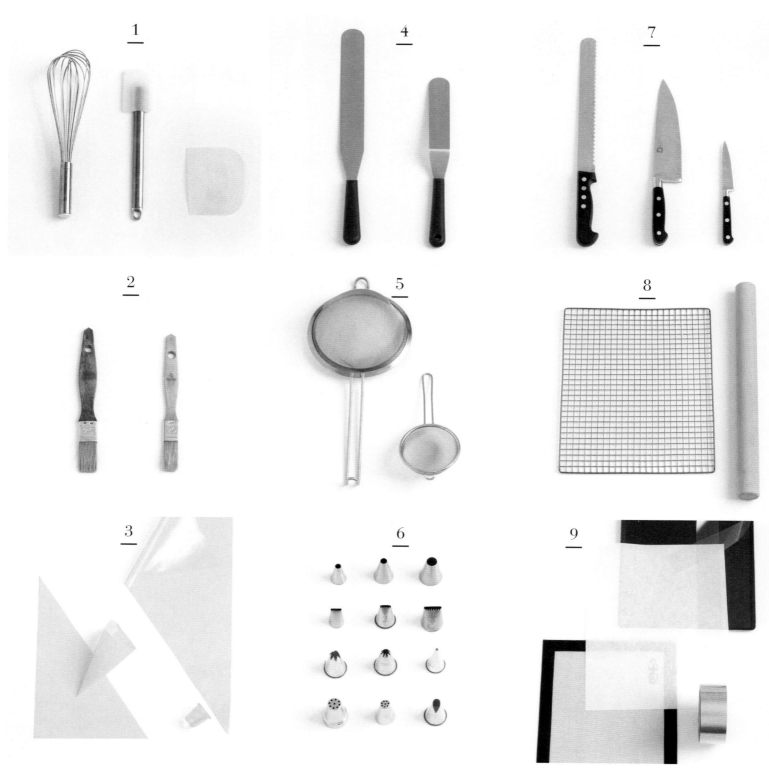

1. 打蛋器，橡皮刮刀，刮板。
2. 刷子。
3. 一次性裱花袋。

4. 抹刀，弯形抹刀。
5. 漏勺，筛子。
6. 裱花嘴。

7. 锯齿刀，主厨刀，小刀。
8. 网架，擀面杖。
9. 防沾烤盘，硅胶垫，蛋糕围边，烘焙纸。

10. 量杯，电子秤。
11. 温度计。
12. 奶油蛋糕模，玛德琳蛋糕模，劈柴蛋糕模，
　　费南雪饼干模。

13. 宽口容器。
14. 电动搅拌机（搅拌盆，搅拌桨，和面钩，打
　　蛋器）。
15. 方形慕斯模具。

16. 圆形切模。
17. 硅胶半球模型板。
18. 圆形慕斯模具，空心塔模。

基础步骤

1. 将两种原料混合在一起

分两步进行，以保证混合物的质感。

先加入另一种原料的1/3，用打蛋器大力搅打，破碎原料中的结块。然后加入剩下的2/3，用橡皮刮刀轻轻搅拌，最大程度上保持原料的轻盈质地。第二步加入剩下的2/3原料时，也可以用打蛋器模仿橡皮刮刀的方式搅打；打蛋器更适合搅打原料用。最后用橡皮刮刀检查混合物质地是否均匀即可。

2. 泡发明胶

明胶片经过脱水处理，因此明胶重新泡发后才能融化在原料中。没有充分泡发的明胶会吸收甜点原料中的水分，导致甜点出现收缩。

把明胶浸泡在冷水中（明胶在低温环境下会融化）。浸泡15分钟。使用前挤干水分即可。

明胶将不同的原料"粘连"在一起，让甜点原料变得更加结实。加入明胶后的原料非常容易凝固，必须立即使用，让明胶充分发挥胶化作用。或者加入明胶后静置让原料质地变得更浓稠后，再搅打使用。

3. 准备隔水炖锅

隔水炖锅的原理是通过水蒸气加热，而非直接接触热源。因此，用隔水炖锅是一个温和加热的过程。准备一个平底锅和一个宽口容器，要保证宽口容器放在平底锅里时，容器底部不能与水接触。先将水倒入平底锅中，加热（水不能沸腾）。再把原料倒入宽口容器中。最后把宽口容器放进平底锅，底面不能与水接触。

4. 过筛

用漏勺或者筛子过滤原料，排除残渣。比如制作英式奶油时，香草籽需要过筛，或者需要粉状原料质地更细腻些（杏仁粉）。液体原料如糖霜过筛后，流动性更强。

5. 刷蛋液

搅打鸡蛋或者蛋黄液。先用刷子蘸取适量蛋液，沥掉多余部分后涂抹在泡芙、饼干或者奶油蛋糕上。

准备甜点模具

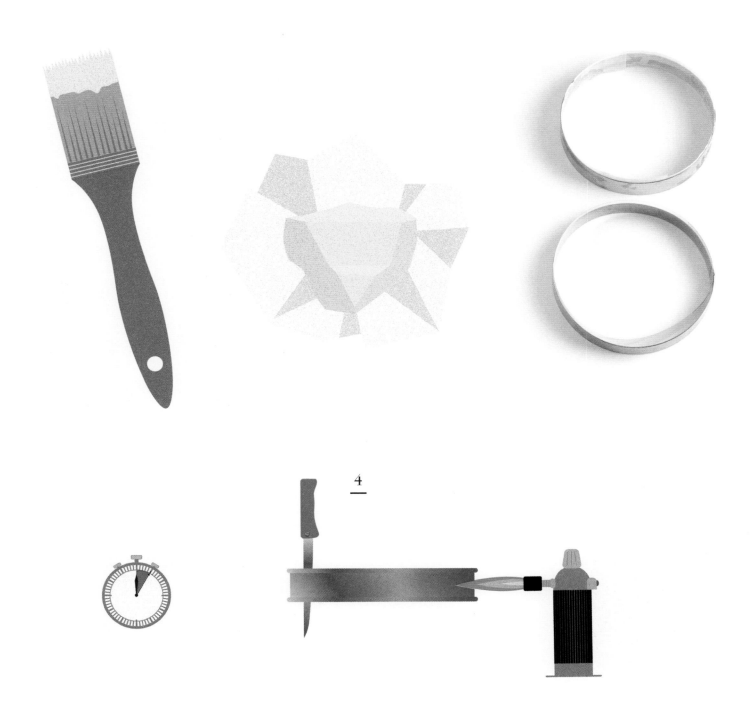

1. 在模具中抹黄油

为烘焙后脱模做准备。做挞式甜点时，给模具抹黄油可以让甜点紧贴模具，防止在烘焙的过程中出现塌陷。

用刷子或者吸水纸在挞式圆形慕斯模具内部刷一层湿黄油。如果是烘焙口感松软的甜点，则需用融化的黄油。

2. 在模具中附一层蛋糕围边

在模具中附蛋糕围边是烘焙甜点的必备步骤，防止甜点粘连在模具壁上。使用蛋糕围边（塑料纸）或者烘焙纸。蛋糕围边更适合在甜点烘焙中使用，因为它受热后不会膨胀变形。

剪一条宽度比模具高度高2厘米，长与模具周长相同的蛋糕围边。如果使用烘焙纸做蛋糕围边，则需在

模具内侧刷一层黄油，以使烘焙纸服帖地附着在模具内侧。如果使用塑料纸蛋糕围边，则无须涂黄油。

3. 准备烤盘

市面上有防沾烤盘，但是大多数烤盘还是需要铺一层防沾层：硅胶垫或者烘焙纸。硅胶垫适合制作巧克力用，但制作泡芙时，不要选用硅胶垫。烘焙纸相对实用，但质地不如硅胶垫稳定。

先用衣夹把烘焙纸固定在烤盘上或者用刀子、玻璃杯压住纸边。待甜点的重量足够压住烘焙纸时，取下衣夹或者刀子。

4. 脱模

模具中附一层蛋糕围边或者烘焙纸，保证顺利脱模。如果烘焙前没有附蛋糕围边，还有以下几种方法：

用喷枪。先冷冻甜点。脱模时，用喷枪加热模壁外侧5秒钟。注意不要加热过度，防止甜点融化带有焦味。用这种方法脱模后，需要重新冷冻甜点，恢复原有的口感。但是草莓蛋糕脱模时不能用这种方法，因为草莓不能冷冻。

用刀。针对不含巧克力的甜点。将热刀片插入甜点和模具之间的缝隙。

用热水。针对可以浸水的甜点模，比如劈柴蛋糕模。

使用带裱花嘴的裱花袋

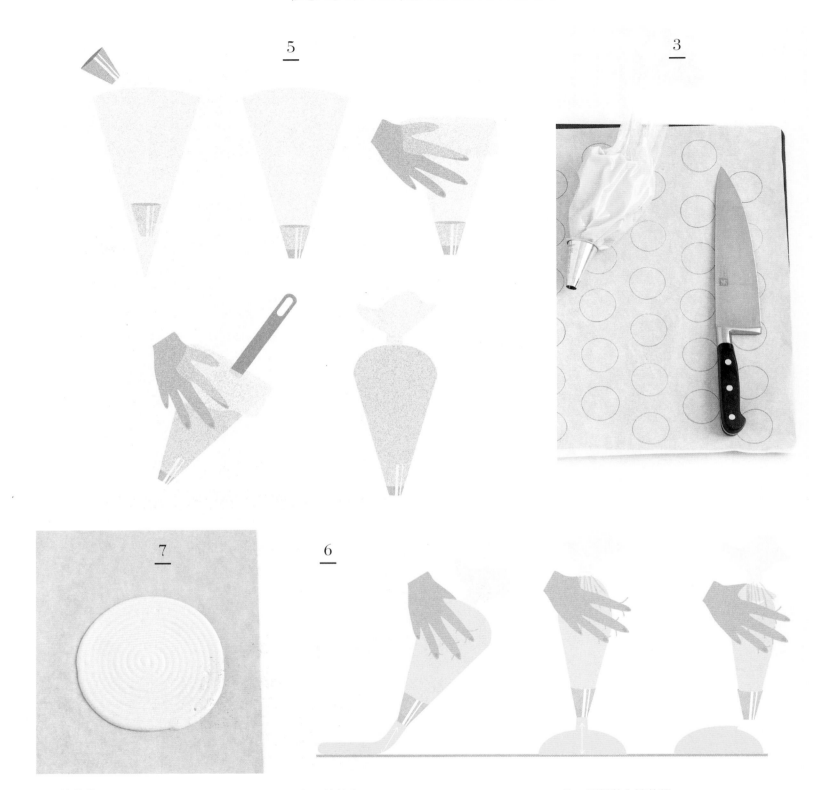

1. 裱花袋

为避免产生卫生问题，最好使用一次性裱花袋。在制作挞式甜点的挞底或用糖霜画细丝时，以及需要制作数个独立的小甜点时，可以选用不带裱花嘴的裱花袋。根据需要剪掉裱花袋的尖头，装上原料，用拇指和食指捏住裱花袋控制原料的流出量。

2. 裱花嘴

市面上有不同类型的裱花嘴（塑料或者不锈钢）用来制作裱花装饰：细条裱花嘴，圣托雷诺裱花嘴（斜缝）。裱花的形状还取决于持裱花袋的角度是直立还是倾斜。通常，裱花嘴的命名是根据其开口的长短：10号裱花嘴的开口为10毫米。

3. 裱花盘

在铺有烘焙纸的金属盘上，或者直接在防沾金属盘上及硅胶垫上（泡芙甜点除外），用裱花袋制作甜点。

4. 裱花模板

为保证裱花保持形状一致，可以使用裱花模板。比照玻璃杯或者圆形切模在纸上画圈，圆圈之间留出适当空间当作裱花模板。先将模板放在烤盘上，再铺一层烘焙纸（裱花模板可以重复使用，但也可以直接在烘焙纸上画圆，然后翻过来，再用裱花袋制作甜点）。模板纸边缘用刀子或者玻璃杯压住，在裱花的过程中，甜点的重量足够压住烘焙纸时，取下刀子或玻璃杯。

5. 原料装入裱花袋

先把选好的裱花嘴按入裱花袋尖端。再确定好裱花袋要剪掉的位置，需保证裱花嘴能牢牢地固定在裱花袋上。取出裱花嘴，剪掉裱花袋多余的部分。把裱花嘴放入裱花袋中。从剪开的口处向外拉出，用力拉紧。把裱花嘴折过来，以免装面糊时流出。用手握住裱花袋宽口，用橡皮刮刀取适量面糊装入裱花袋，取出时，把橡皮刮刀上多余的面糊刮在持裱花袋的手上。裱花袋只能装满2/3的容量，防止面糊溢出。装好面糊后，拢起裱花袋，拧1/4圈，把面糊挤到裱花嘴处。最后将裱花嘴折回来，挤出面糊，面糊变少时，先挤下面糊，再拧裱花袋即可。

用带裱花嘴的裱花袋制作装饰品

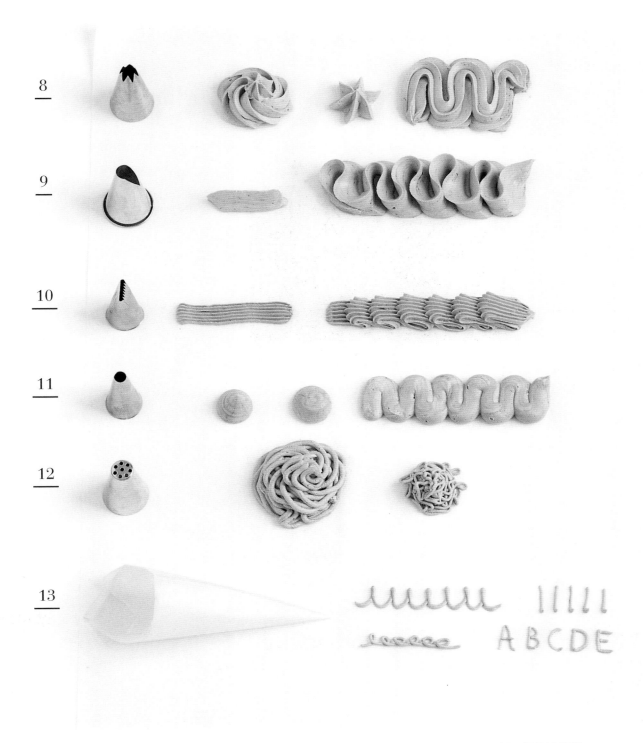

6. 裱花

制作圆饼或者圆顶时，裱花袋保持直立。制作长条形甜点时，裱花袋保持倾斜。一手握住裱花袋，另一手起支撑和引导方向的作用。裱花袋里面糊变少时，先挤下面糊，将裱花袋拧1/4圈。

7. 螺旋形裱花

制作甜点饼底或者为甜点注射奶油时，借助裱花袋可以裱出厚度均匀的面饼。最常见的就是用裱花袋制作螺旋形的面饼。

由内而外，均匀地挤出面糊，保证面饼厚度均匀一致。一圈圈面糊互相粘连而不重叠。制作螺旋形裱花时手法一定要迅速、利索。

8. 凹槽裱花嘴

做一颗简单的星形裱花，转动裱花袋做一朵圆裱花或者波浪裱花。

9. 圣托雷诺裱花嘴

制作简单的裱花条或者连贯的波浪裱花。

10. 排花裱花嘴

制作一段排花裱花或者通过快速晃动裱花头制作波浪排花。

11. 圆形裱花嘴

保持裱花袋与桌面垂直，制作水滴裱花或者圆形裱花。制作波浪裱花时也要保持裱花袋与桌面垂直。

12. 细条裱花嘴

制作奶油旋裱花时使用。

13. 圆锥花嘴

用烘焙纸剪一个直角三角形。长边卷到直角处，卷紧后形成一个尖部密封的圆锥体。再将尾部的角折入锥体里。

把皇家冰激凌或者翻糖倒入圆锥花嘴里，倒满圆锥花嘴的一半即可，拢起锥边，朝下挤压冰激凌，剪掉锥尖。

滑动法：如果甜点表面能承受重量，可以模仿钢笔写字的方式，用圆锥花嘴裱花。

跌落法：如果甜点表面不能承受重量，那就用圆锥花嘴悬空式裱花。

装饰蛋糕

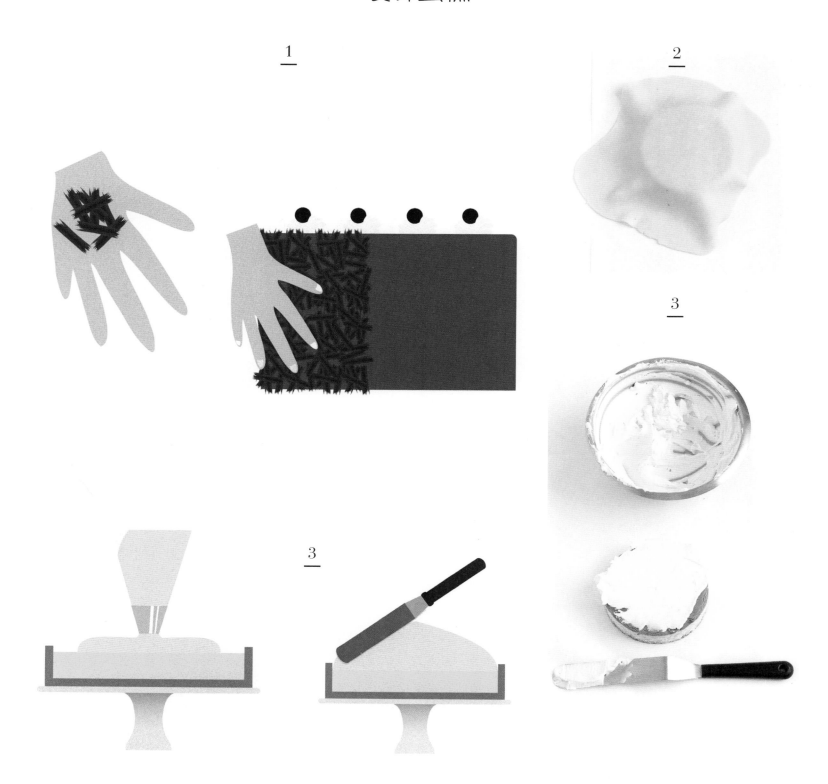

1. 撒巧克力刨花

适合冰镇甜点或者表面是奶油的甜点：甜点表面有黏性，可以粘住刨花。制作刨花要手法迅速，防止巧克力融化。把刨花均匀地撒在甜点表面，甜点周围也用手按上刨花。

2 盖杏仁膏/甜面皮

工作台上撒一层面粉，用擀面杖把杏仁膏擀成2毫米厚的面皮。将杏仁膏皮盖在甜点上，从上至下抚平面皮，适当调整面皮边缘以防出现褶皱。用小刀切掉多余的面皮。制作杏仁膏时，选用杏仁含量为22%的杏仁粉。如果杏仁含量过高，那么杏仁膏就无法擀成形。用同样的方式制作甜面皮。甜面皮含有人造奶油，因此味道不太自然。

3. 抹奶油

取适量奶油放在甜点上。用抹刀抹平，先抹甜点表面，再抹四周，奶油厚度一致。要选用质地结实的奶油（尚蒂伊奶油、黄油奶油、甘纳许）。

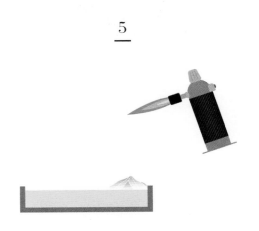

4. 浇汁

在挞式甜点表面的水果层浇汁，让水果更具光泽。煮沸浇汁，用刷子蘸取浇汁后，迅速抹在水果表面。通常选用杏子浇汁，甜点专卖店有售。也可以选用调好的果酱或者果冻。

5. 喷枪上色

用喷枪可以只给甜点表面上色，避免加热甜点内部，如吉布斯特奶油、意式蛋白霜……用喷枪还可以焦化甜点表面，如焦糖布丁。上色时，保持喷枪与甜点距离20厘米，均匀上色，防止烧焦甜点。

6. 用抹刀制作圆顶

先用带大号裱花嘴的裱花袋把奶油挤在甜点上。用抹刀从上至下抹平奶油表面，做成尖顶或者平顶状。保持抹刀平贴奶油表面，防止刮下过多的奶油。

7. 用裱花袋制作圆顶

用带大号裱花嘴的裱花袋把奶油挤在甜点上，均匀发力，保持裱花袋在原位置上。圆顶形成后，停止挤压，从一侧慢慢撤走裱花袋，防止在圆顶表面留下奶油尖。

黄油

1. 产品

用生黄油（直接用奶油加工而成的）或者细黄油（经过巴氏消毒）。脂肪含量为82%。黄油给甜点带来香味、滑腻感和酥脆感。如果需要做咸味糕点（突出糕点口味），则选用淡黄油，保证糕点咸淡程度更精确。

2. 冷黄油

制作沙布雷挞皮等类似原材料时，需要用冷黄油，避免黄油跟面粉充分混合。面糊中残留的黄油粒经过烘焙形成的气泡，才能给面饼带来油酥的质感。

3. 干黄油

黄油的融化点与制作黄油的季节和奶牛摄取的营养有关。冬天生产的黄油更结实，融化点也更高（高于32℃），我们把这种黄油称为干黄油。制作甜点的面饼或者千层饼时，揉和面团的时间较长，通常选用干黄油，所以干黄油也被称为千层黄油。甜点用品专卖店有售。

4. 打发呈奶油状

用力搅打黄油或者黄油混合物，搅打至慕斯奶油状。通常选用软黄油为原料，进行搅打。

5. 软黄油

黄油经过加工变软后，再加入其他原料中。用软黄油可以防止原料结块，使甜点口感滑腻。黄油切丁，微微加热使其变软（小火加热，防止黄油融化），然后用抹刀或者打蛋器搅拌。

6. 澄清黄油

小火加热黄油，其中水分蒸发后，黄油颜色变深，与榛子颜色类似。经过加热，黄油中的酪蛋白变色，让黄油的味道更独特。

奶油

3

4

5

1. 产品

市面上有不同类型的奶油：生奶油（未经任何加工），巴氏消毒奶油（经过80℃处理）以及杀菌奶油（高温处理）。奶油由牛奶加工而成，1千克牛奶中至少含300克脂肪（30%）。鲜奶油是指生奶油或者巴氏消毒奶油。奶油可以是液态，也可以通过添加乳酸发酵细菌让奶油的质地变得更浓稠。制作甜点，选用的是脂肪含量30%的液态奶油，其中的脂肪成分有助于打发奶油成形，赋予了奶油特有的味道。

淡奶油：特指脂肪含量30%的液态奶油。

2. 冷奶油

冷藏可以让奶油中的脂肪成分结晶，以使打发奶油保持稳定。除了奶油，打发使用的工具（碗、打蛋器）也需要冷藏。最好使用易导温的不锈钢工具。

3. 打发奶油

制作甜点通常使用打发过的奶油，让原材料质感更轻盈。

用力搅打奶油至体积变成原来的两倍。经过打发的奶油，质感轻薄，气泡周围脂肪结晶让奶油更结实。可以使用电动打蛋机，带搅拌桨的搅拌机或者电动搅打棒进行搅打。

4. 收紧奶油

打发结束后，大幅度搅拌奶油，让奶油变得结实而光滑。奶油收紧后立即停止搅打，否则奶油会变成黄油。从外观上看，奶油油脂平衡。

5. 制作慕斯

在甜点专业词汇中，提到慕斯，就是朝原材料里加入打发奶油。正是轻盈的打发奶油赋予了甜点慕斯般的口感。

糖

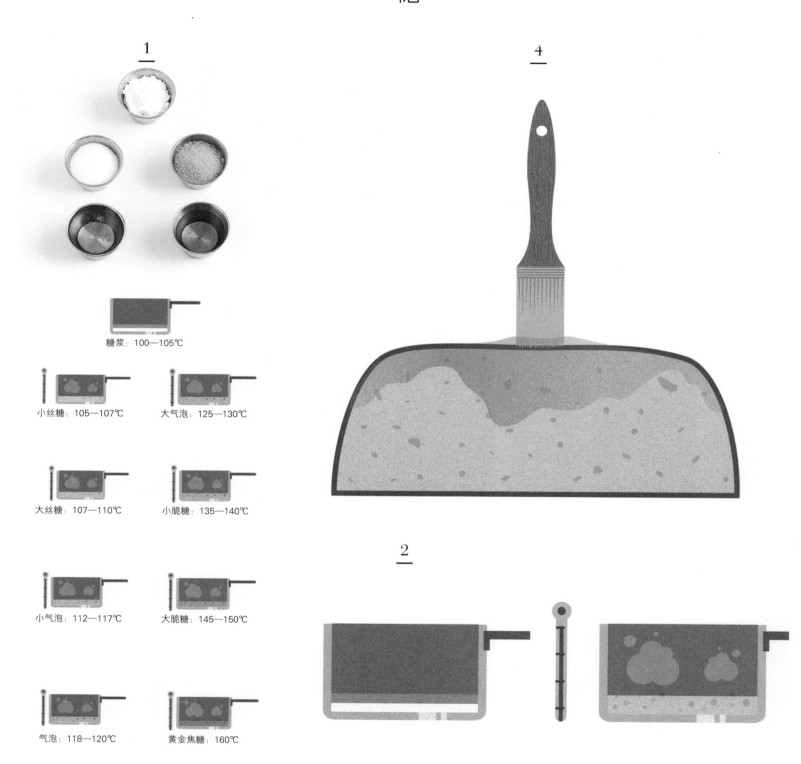

糖浆：100—105℃

小丝糖：105—107℃　　大气泡：125—130℃

大丝糖：107—110℃　　小脆糖：135—140℃

小气泡：112—117℃　　大脆糖：145—150℃

气泡：118—120℃　　黄金焦糖：160℃

1. 产品

糖的作用在于赋予糕点甜味和松脆的口感，有助于面饼发酵，烘焙时为甜点上色，并且可以用糖浆浸泡甜点。

白糖：甜点中常用的传统细粉状糖。

糖霜：磨碎的细糖分，含有淀粉成分（防止凝固）。

粗红糖：从蔗糖中提取的粗糖。

葡萄糖浆：以玉米淀粉或者马铃薯淀粉为原料的糖浆，质地浓稠，无色。使用糖浆可以避免在甜点烘焙的过程中糖分结晶。在制作糖霜或者牛轧糖时，会用到糖浆。

转化糖：葡萄糖和果糖各一半的混合糖。在制作某些甜点时，需要用转化糖代替糖，因为转化糖温软光滑（可以吸收水分，并且不结晶）。制作糖霜

时，常使用转化糖。某些蜂蜜可以代替转化糖。

糖粒/糖珠/糖块：大块糖粒通常用作奶油泡芙的装饰品。

2. 焦糖

焦糖的用途不同（焦糖酱、慕斯、糖霜、装饰品……），制作方法也不同。

经典焦糖（以水和糖为原料），常用来制作糖类装饰品或者泡芙糖霜。

干焦糖（无水焦糖），常被用作焦糖味香料（制作焦糖味慕斯）。干焦糖的味道比较浓烈。

如果需要长时间大火加热，就在糖中加入葡萄糖浆，避免糖分大量集合（结晶）。

3. 制作糖浆

制作糖浆使用的工具必须干净且干燥。水、糖称重后混合在一起，不要搅拌。用蘸水的刷子清理溅出的水分。中火加热。

4. 用醇化糖浆浸透

用醇化糖浆浸泡甜点：刷子蘸取糖浆，刷在甜点上。甜点充分吸收糖浆，但是也不能被糖浆泡散。测试：用手指按压甜点，可以压出糖浆。

5. 糖珠

用筛子在甜点上筛两层糖霜。3分钟后，再撒一次糖霜。烘焙时，第二次撒的糖霜变成一层松脆的小糖珠。

鸡蛋

1. 产品

鲜鸡蛋：50克。
蛋白：30—35克。
蛋黄：15—20克。
对于某些甜点，比如马卡龙，需要精确称出鸡蛋的重量。蛋白含有蛋白质，蛋黄含有脂肪。
蛋黄保存：冷藏环境最多保存24小时。
蛋白保存：冷藏环境最多保存1周。
蛋类产品：脱壳的液态、冷冻、粉状蛋类产品（蛋黄、蛋白或者整蛋）。选用此类蛋类产品，可以准确称重，符合卫生标准，同时可以节约时间。甜点用品专卖店有售。

2. 分离蛋白、蛋黄

分离蛋白与蛋黄。

3. 打发蛋黄

蛋黄加糖搅打至慕斯状。蛋黄体积增大一倍。搅打均匀需要几分钟的时间，选用电动打蛋机速度更快。

4. 蛋液丝带

蛋黄：蛋黄加糖，搅拌至蛋液质地浓稠、光滑、均匀。用抹刀挑起时，蛋液缓缓流淌而不间断。流落的蛋液在容器中像丝带一样折叠在一起。
蛋白：制作马卡龙壳用的就是蛋白丝带。

5. 准备蛋白

使用几天前就在常温环境中澄清的蛋白效果更佳，这样的蛋白已经液化：蛋白中的蛋白质像弹网一样，搅打时，收纳足够的空气。

6. 打发收紧蛋白

用电动打蛋机或者电动搅拌棒打发蛋白呈泡沫状。打发结束后，再用力大幅度快速搅打蛋白，让蛋白质地光滑、结实。在搅打的过程中，可以适当加入少量糖。

巧克力

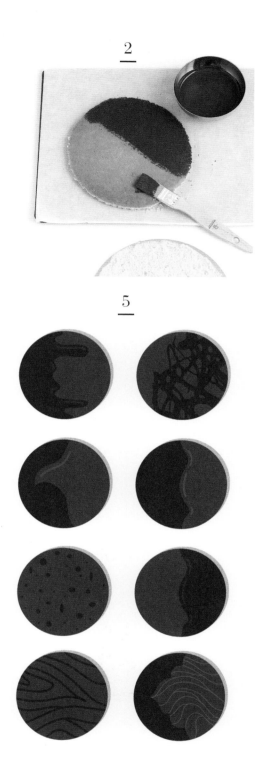

1. 产品

巧克力用可可脂、可可膏和糖呈不同比例制作而成，比例不同，巧克力的口味、强度和融点不同。可可含量70%的巧克力，含有30%的糖、35%的可可脂和35%的可可膏。

巧克力脆皮：巧克力脆皮中的可可脂含量高于经典甜点巧克力。巧克力脆皮质地流畅，在烘焙过程中更容易产生变化，因此使用起来更方便。通常可以用经典甜点巧克力代替巧克力脆皮，但是在制作糖霜、巧克力装饰品或者巧克力小甜点时（巧克力需要调温）最好还是使用巧克力脆皮。甜点专卖店及网上均有售。

2. 刷巧克力酱

在甜点表面刷一层薄薄的巧克力酱，晾干的过程中，巧克力酱变硬并且保护甜点不发生粘连现象。使用经典甜点巧克力。无须调温。用隔水炖锅融化后，浇在甜点上，用抹刀摊平。晾干后，巧克力慢慢变硬。如需组装甜点，则用甜点的巧克力面贴近烘焙纸。

3. 甜点裹糖霜

40℃加热巧克力糖霜，浇在冷冻的甜点上，迅速用抹刀将糖霜抹成薄薄的一层。

4. 巧克力糖霜膏

可可、糖和植物油混合在一起。当作巧克力酱使用，或者当作巧克力糖霜的原料，比如制作欧培拉时使用。

5. 基础款巧克力

巧克力是众多甜点的基础配料，有不同种类：巧克力饼、慕斯（巧克力+打发奶油）、奶油甘纳许（巧克力+英式奶油+奶油）、黑糖霜（可可）、巧克力卡仕达酱、黑巧克力酱、牛奶巧克力酱以及巧克力装饰品。

色素、香精、水果

1. 色素

脂溶色素会和脂肪（巧克力，黄油奶油）融合在一起，水溶色素适用于不以脂肪类为主原料的甜点（马卡龙壳、艺术糖……）。

色素粉：效果明显，不会破坏原料的稳定性。使用时，用刀尖取少量或用微量天平称重。液体色素以滴为单位。但是，不论什么类型的色素，都要一点一点加在原料中（颜色深浅变化明显）。

巧克力：使用脂溶色素。

马卡龙壳：使用水溶色素。

翻糖：热翻糖中加入水溶色素。

氧化钛：可以作为食用色素让原料变成白色（马卡龙、白巧克力糖霜）。搅拌均匀。

2. 香精、酒精、提取物

香草、桂皮、八角茴香、薄荷、核桃、咖啡、开心果……将这些香料呈膏状或者粉状加到原料中，脂肪类原料可直接将香料浸泡在里面。

樱桃酒、朗姆酒、君度酒、柑曼怡、咖啡酒……烘焙时，酒精蒸发，调味酒的香气留在甜点中。制作浸泡甜点用的糖浆，酒精会保留在甜点中。

浓汁是通过挤压、压榨以及蒸馏获得的。在准备阶段结束时，向原料中加几滴浓汁。注意用量，因为浓汁的气味非常浓烈。提取物则是通过浓缩形成的（咖啡、香草……）。准备阶段结束后，向原料中加入提取物。无须浸泡，可以立即使用，节约成本（特别是使用香草提取物）。

3. 果皮

柑橘类水果带颜色的果皮，味道偏酸。果皮与果肉之间的白色部分称为果瓤，味道偏苦；不要把果瓤去掉。

去皮器：细丝果皮（可以保留果瓤）。

刀子：切下果皮后，将果皮切成2毫米的果皮条；切掉果瓤。

小刨刀：超细果皮（撒在甜点表面上色。）

4. 糖渍果皮

在沸水中速煮果皮30秒。吸水纸上沥干。水中加糖，制作糖浆，糖水沸腾后停止加热。将沥水果皮放入糖浆中，腌渍至使用前。

5. 焙炒干果

干果放在铺有烘焙纸的烤盘上。烤箱调至170℃，根据干果形状大小，烘焙15—25分钟，让干果香充分散发出来。

泡芙技巧

1. 制作泡芙面糊并脱水

第一步制作泡芙面糊：水+盐+糖+黄油+面粉混合。加热面糊，为加鸡蛋做准备：面糊搅拌均匀后，在平底锅中摊平并停止搅拌，继续加热，让面糊挂在锅底。听到发出噼噼啪啪的声音后，晃动平底锅检查锅底：一层薄面糊均匀地粘在锅底。面糊脱水成功。

2. 酥皮

酥皮饼可以保证泡芙圆形均匀，口感酥脆。把酥皮饼面团夹在两层烘焙纸之间，擀成面皮。冷藏让面皮变硬。用圆形切模切出相应数量的面饼，烘焙前盖在泡芙上。

3. 使用裱花袋

烤盘上铺一层烘焙纸或者蛋糕围边（不要用防沾垫）。
圆形泡芙：用8毫米的裱花嘴。持裱花袋与烤盘保持1厘米的距离，挤压泡芙面糊，做成直径3厘米的泡芙团。轻轻提起裱花袋，转动1/4圈，干脆利索地拧断面糊。
手指泡芙：用20毫米的裱花嘴。持裱花袋与烤盘保持45°角，均匀用力快速挤出泡芙面糊。
泡芙圈或者泡芙棒：用裱花嘴挤泡芙面糊，一个挨一个做成泡芙圈或者并排做成泡芙棒。烘焙后，泡芙膨胀就会连在一起。

4. 烘焙泡芙

烘焙好的泡芙呈金黄色，甚至棕色。酥皮层也会均匀上色。烘焙20分钟后，打开烤箱放出蒸汽。继续烘焙直至上色（10—20分钟）。
如果泡芙不够干燥，装奶油和冷藏时，泡芙会因吸收湿气变软，甚至塌陷。烘焙好的泡芙内部依然柔软。使用热风循环，可以用一个烤箱同时烘焙两个烤盘里的泡芙。

5. 给泡芙注射奶油

用刀尖在泡芙底部刺一个洞。左手拿泡芙，用6号裱花嘴从泡芙底的开口注射奶油。注满奶油的泡芙分量很沉。

马卡龙技巧

1

2

3

1. 制作马卡龙壳

将意式蛋白霜和杏仁膏混合在一起，用橡皮刮刀或者刮板搅拌。一边用力搅拌，一边向杏仁膏中加入1/3意式蛋白霜，搅开后，再加入剩下的意式蛋白霜，正常搅拌均匀即可。从各个方向搅刮容器以将两种原料充分混合均匀。

搅拌好的马卡龙面糊质地光滑、均匀，稍具流动性。如果马卡龙面糊过于偏向液体，那么做出的马卡龙壳就会平坦没有凸度，如果马卡龙面糊过于黏稠，那么马卡龙壳表面就会凹凸不平，或者直接裂开。

可以用丝带测试检验马卡龙面糊：

用刮板或者橡皮刮刀挑起马卡龙面糊，任其流淌；优质的马卡龙面糊不断流，呈丝带状。如果面糊不符合上述描述，则需要重新搅拌。

2. 马卡龙模板

在模板纸上交错（272页）画出数个直径3厘米的圆圈。保持裱花袋与桌面垂直，在圆圈中挤出马卡龙面糊。保持裱花嘴与模板1厘米的距离，不要随意提起裱花袋。挤完面糊后，转动裱花袋1/4圈，拧断面糊。如果面糊质地优良，那么留下的尖角会逐渐融合到整个马卡龙壳中。

3. 烘焙

马卡龙壳需要低温（150℃）快速烘焙（12分钟）。使用热风循环，可以用一个烤箱同时烘焙两个烤盘里的马卡龙壳。

为了防止香草马卡龙上色过快，可以在表面盖一层烘焙纸。

10分钟后检查烘焙情况。轻触马卡龙壳：质地坚硬。烘焙不足，马卡龙壳会黏在烤盘的烘焙纸上。烘焙过度，马卡龙变干。

烘焙结束后，可以紧贴工作台滑入一张烘焙纸，方便取下马卡龙壳。

4. 保存

填满夹心奶油的马卡龙，建议冷藏保存24小时，让夹心层的甘纳许奶油渗透到马卡龙壳，外壳充分吸收奶油的香味，同时内部更加柔软。

烘焙好的马卡龙壳，放在封好保鲜膜的盒子里，可以冷冻保存3个月。如果马卡龙夹心选用的是甘纳许或者果酱，那么可以冷冻保存。如果夹心选用的是卡仕达酱，则不能冷冻保存（解冻时会产生不良反应）。

283

面团技巧

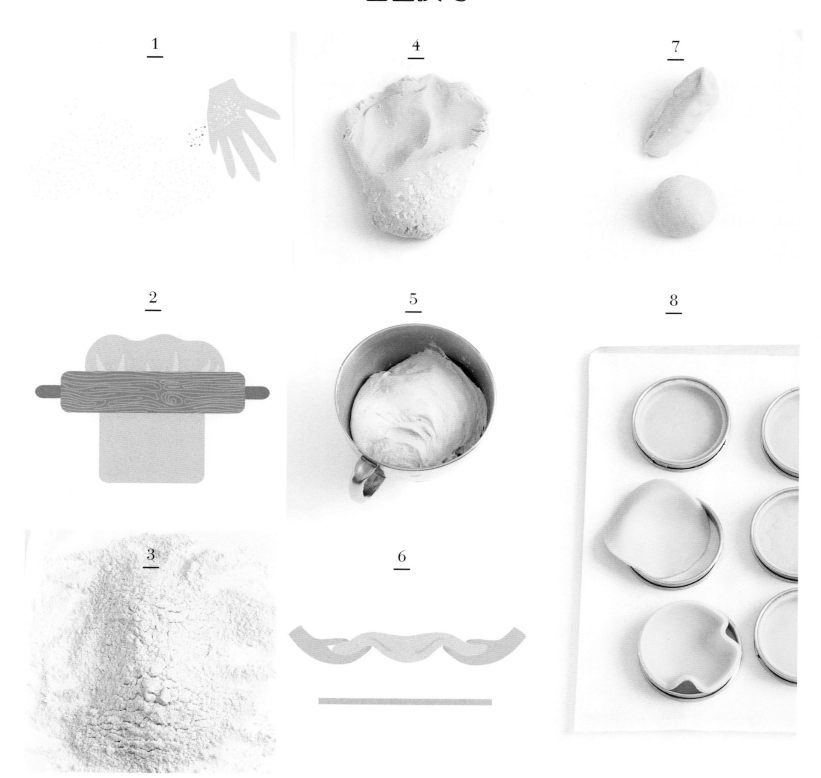

1. 撒面粉

在工作台上撒一层面粉，防止面团粘在台面上。注意不要撒太多，否则会改变面团的质地。

2. 擀平

在撒过面粉的工作台上将面团擀平至理想厚度。使用擀面杖时均匀发力，每擀一次，转动面皮1/4圈。

3. 抹面

小黄油丁撒在面粉里，先用指尖给黄油丁抹面，后用手掌摩擎，不要挤碎黄油，直至面粉均匀地抹在黄油表面。

4. 压面

用手掌压面团1—2次，检查面团是否和匀。

5. 除气

用挤压面团的方式，去除发酵后留在面团中的二氧化碳气体。

6. 吹气

轻轻掀起面皮，朝面皮底面送气，防止烘焙时皮收缩。

7. 团球

将面团团成球状，使其均匀膨胀。先将面团分成均匀的等份儿，在不撒面粉的工作台上，用掌心将面团团成球状。

8. 垫底

用面皮在甜点模或者圆形慕斯模具中垫底。
用圆形慕斯模具可以保证快速脱模，另外，烘焙时，圆形慕斯模具直接放在烤盘上，可以防止形成气泡。
黄油打底。移动面皮时，需将面皮放在擀面杖上，防止拉扯变形。把面皮放在圆形慕斯模具上。一手掀起面皮，一手将面皮压入圈内，形成一个直角。面皮放在圆形慕斯模具内后，用拇指轻轻按压，让面皮服帖在圆形慕斯模具内侧。也可以在擀面皮的过程中，将面皮切出一个规则的圆形（测量圆形慕斯模具的直径+圈高的2倍）。

9. 修饰：刻装饰线和切掉多余面皮

刻装饰线：烘焙前，在面皮周围刻装饰线。用刻线钳或者小刀，在面皮周围划出斜线。如果制作饼类甜点，手指放在离饼边5毫米的地方，按压。用刀背的刀尖，朝手指方向挑起面皮边。

切掉多余面皮：用小刀切掉多余面皮或者直接用擀面杖擀掉在圆形慕斯模具上的多余面皮。

10. 烘焙面皮

挞式甜点可以直接烘焙裸皮（空挞）或者填上内容物（苹果挞）后再烘焙。多数挞式甜品都是烘焙空挞即可。挞里的内容物，或是本身就经过热加工（卡仕达酱），或是无须烘焙。制作时，只需将内容物倒入事先烤好的空挞中，然后冷藏。

烘焙空挞的技巧如下：

甜面皮和油酥面皮

如果选用圆形慕斯模具，烘焙时圆形慕斯模具要直接放在烤盘上，用面皮打底后，可以直接烘焙空挞。安全起见，可以在面皮上扎孔并（或）按压面皮。

如果选用有底的甜点模，面皮打底不完全，烘焙过程中可能形成气泡，面皮膨胀。所以最好在面皮上扎孔并（或）按压面皮。

水油酥面皮和千层面皮

这两类面皮中水分含量充足，烘焙时很容易膨胀。最好在面皮上扎孔并（或）按压面皮。

扎孔：不能扎太大的孔，特别是需要填充奶油的挞式甜点。

按压：按照挞底的直径，剪一张烘焙纸圆片。把烘焙纸放在面皮上，然后压一些重物或者干豆。

11. 检查烘焙情况

烘焙空挞时，可以用抹刀掀起挞底：呈均匀的金黄色。

烘焙奶油蛋糕时，可以用刀尖戳动：干净利索地抽出刀尖。

杰诺瓦士海绵蛋糕，用指尖触摸蛋糕，不会留下指印，面皮很快隆起。

其他的饼干（手指饼干），查看烘焙纸底下：饼干质地像干燥的海绵。

分类索引

食材索引

图书在版编目（CIP）数据

星级甜品大师班 ／（法）梅勒妮·迪皮伊，（法）安妮·卡卓著 ； 王倩译. — 北京 ：北京美术摄影出版社，2017.5

书名原文：Le Grand Manuel du pâtissier

ISBN 978-7-80501-988-8

I. ①星… II. ①梅… ②安… ③王… III. ①烘焙—糕点加工 IV. ①TS213.2

中国版本图书馆CIP数据核字（2017）第022692号

北京市版权局著作权合同登记号：01-2016-3801

责任编辑：刘　佳
责任印制：彭军芳
装帧设计：杨　峰

星级甜品大师班
XINGJI TIANPIN DASHIBAN

[法]梅勒妮·迪皮伊
[法]安妮·卡卓　　　　著

王倩　译

出　版　北京出版集团公司
　　　　北京美术摄影出版社
地　址　北京北三环中路6号
邮　编　100120
网　址　www.bph.com.cn
总发行　北京出版集团公司
发　行　京版北美（北京）文化艺术传媒有限公司
经　销　新华书店
印　刷　北京汇瑞嘉合文化发展有限公司
版　次　2017年5月第1版第1次印刷
开　本　787毫米×1092毫米　8开
印　张　36
字　数　242千字
书　号　ISBN 978-7-80501-988-8
定　价　189.00元

如有印装质量问题，由本社负责调换
质量监督电话　010-58572393